自动飞行控制系统

Automatic Flight Control Systems

［美］Mohammad Sadraey 著

周思羽 主译

高 丽 曲志刚 王子健 高艳丽 副主译

殷 昊 邹明峰 参译

电子工业出版社
Publishing House of Electronics Industry
北京·BEIJING

内 容 简 介

自动飞行控制系统（AFCS）是长时间飞行控制的主要机载系统，是航空航天现代飞行控制的核心系统。本书系统介绍AFCS和自动引导控制相关问题，论述AFCS/自动引导的理论基础，包括主要子系统、动态建模、AFCS分类/模式、伺服/执行机构、测量装置、基本原理、设计需求和控制律。全书共六章，前两章介绍AFCS的基础以及有人驾驶飞机和无人驾驶飞机中的闭环控制系统，后四章详细介绍姿态控制系统、航迹控制系统、增稳系统和控制增稳系统。

本书可作为航空院校相关专业高年级本科生、研究生的教材，也可供相关工程技术与研究人员参考。

Mohammad Sadraey: Automatic Flight Control Systems.
ISBN 9781681737300
Copyright © 2020, Morgan & Claypool Publishers.
All Rights Reserved. Authorized translation from the English language edition published by Morgan & Claypool Publishers. No part of this book may be reproduced in any form without the written permission of Morgan & Claypool Publishers.
Simplified Chinese translation edition Copyright ©2025 by Morgan & Claypool Publishers and Publishing House of Electronics Industry.
本书中文简体字翻译版由电子工业出版社和 Morgan & Claypool Publishers 合作出版。未经出版者预先书面许可，不得以任何方式复制或抄袭本书的任何部分。

版权贸易合同登记号　图字：01-2024-6511

图书在版编目（CIP）数据

自动飞行控制系统 /（美）穆罕默德·萨德拉伊
(Mohammad Sadraey) 著；周思羽主译. -- 北京：电子工业出版社，2025. 4. -- ISBN 978-7-121-50056-5
Ⅰ. V249.122
中国国家版本馆 CIP 数据核字第 20254SC220 号

责任编辑：谭海平

印　　刷：	涿州市京南印刷厂
装　　订：	涿州市京南印刷厂
出版发行：	电子工业出版社
	北京市海淀区万寿路 173 信箱　　邮编：100036
开　　本：	700×1000　1/16　印张：10　字数：229.6 千字
版　　次：	2025 年 4 月第 1 版
印　　次：	2025 年 4 月第 1 次印刷
定　　价：	89.00 元

凡所购买电子工业出版社图书有缺损问题，请向购买书店调换。若书店售缺，请与本社发行部联系，联系及邮购电话：(010) 88254888，88258888。
质量投诉请发邮件至 zlts@phei.com.cn，盗版侵权举报请发邮件至 dbqq@phei.com.cn。
本书咨询联系方式：(010) 88254552，tan02@phei.com.cn。

译 者 序

自动飞行控制系统作为关键的机载系统历经了百年发展，从早期简单的自动驾驶仪到如今适应各类任务场景的现代自动飞行控制系统，极大地减轻了飞行员的操纵负担，提高了航程的燃油效率和任务完成效能。随着航空技术的飞速发展，这一领域的知识更新迭代迅速，受到航空工程师和科研人员的高度重视。

本书英文版作者 Mohammad Sadraey 是一位在航空领域有着丰富研究经验和贡献的学者，其在近两年所著的《无人机基本原理与系统设计》《飞机飞行性能计算》《无人飞行系统设计》等专著陆续被国内翻译引进，受到了广大从业者、学者及航空爱好者的好评。

本书详细介绍了自动飞行控制系统的基本原理、主要子系统、工作模式、设计需求和控制律等方面的内容。具体而言，本书从稳定、跟踪、调节和改善系统响应等方面介绍了系统功能；探讨了包括非线性全耦合、线性解耦在内的多种动态模型；概述了飞行品质的基本原理，并且介绍了有人驾驶飞机和无人驾驶飞机飞行品质的等级划分；从增稳、状态保持、导航、增控和综合控制的角度，阐述了自动飞行控制系统的分类和模式；深入探讨了闭环控制系统的基本原理，包括控制概念、基本定义、主要组成部分和通用设计方法；系统介绍了包括 PID 控制、最优控制、可变增益控制和鲁棒控制方法，解释了它们在自动飞行控制系统设计中的应用。总之，本书为读者提供了关于自动飞行控制系统的全面视角。

本书适用于航空工程师和科研人员，也可作为相关专业高年级本科生和研究生的教材。

本书的翻译工作主要由海军航空大学青岛校区飞行综合控制团队完成。周思羽教授翻译了绪论、第 1 章和第 2 章，并负责全书统稿；高丽副教授、曲志刚副教授、王子健副教授分别翻译了第 3 章、第 4 章、第 5 章；高艳丽副教授、殷昊讲师、邹明峰助教共同翻译了第 6 章。张飞龙同学完成了全书的校对和绘图工作。吴文海教授对全书提出了宝贵的修改意见。

衷心希望本书能够为国内航空院校的相关专业课程教学提供重要参考，为科研人员提供国际前沿视角，助力科研创新，为工程技术人员提供实践指导，促进技术的应用与发展。

周思羽
2025年于海军航空大学

前　　言

本书讨论自动飞行控制系统（Automatic Flight Control Systems，AFCS）及其基本原理等相关问题。自动飞行控制系统是（飞行员）完成长时间飞行任务使用的主要机载系统，也是航空现代化的基础设备。在本书中，自动飞行控制系统和自动驾驶是类似的，可作为等效概念运用。如今，无线通信和微电子系统的技术进步已使得低成本的小型自动驾驶在无人机上使用成为可能。本书介绍自动飞行控制系统/自动驾驶的基本原理，包括主要子系统、动态建模、AFCS 分类/模式、伺服/执行机构、测量装置、基本原理、设计需求和控制律。

一般而言，闭环控制系统通常具备 4 项功能：①调节；②跟踪；③稳定；④改善对象响应特性。在飞行控制中，调节功能被称为保持功能，这样的系统被称为姿态控制系统，第 3 章阐述这方面的 6 个应用（例子）。跟踪功能被称为导航功能，这样的系统被称为航迹控制系统，第 4 章讨论 AFCS 的 11 个导航功能的特性。

负反馈也可以稳定不稳定的飞机。这个功能是由增稳系统实现的。第 5 章阐述 6 种增稳系统的特征。当使用负反馈来改进系统（动态）响应特性时，这个功能被称为控制增稳功能。第 6 章讨论 4 种控制增稳系统的详细信息。

在任何无人机、战斗机和大型有人机中，自动飞行控制系统都是重要的机载设备。自动飞行控制系统是一个严谨的研究领域，读者必须具备下列数学和工程基础知识：微分方程、线性代数、微积分、飞行动力学、空气动力学和自动控制原理。

自动飞行控制系统还在不断进步和发展中；新的自动飞行控制模式被不断设计和使用。为了展示这方面的新成果，本书简要介绍多种通用航空飞机、运输机和战斗机以及无人机的自动飞行控制系统。

本书可作为飞行动力学、飞行控制系统和无人机系统等相关课程的主要教材。由于本书篇幅限制，部分相关内容（如控制系统的基本原理、飞行品质和动态建模）只能简要涉及。此外，本书不提供章节内示例和章节末习题的解答。希望读者喜欢阅读本书。

Mohammad Sadraey

目　　录

第1章　自动飞行控制系统基础 ⋯⋯⋯⋯⋯⋯⋯⋯⋯⋯⋯⋯⋯⋯⋯⋯⋯⋯⋯⋯⋯⋯⋯ 001
  1.1　引言 ⋯⋯⋯⋯⋯⋯⋯⋯⋯⋯⋯⋯⋯⋯⋯⋯⋯⋯⋯⋯⋯⋯⋯⋯⋯⋯⋯⋯⋯⋯⋯ 001
  1.2　自动飞行控制系统的要素 ⋯⋯⋯⋯⋯⋯⋯⋯⋯⋯⋯⋯⋯⋯⋯⋯⋯⋯⋯⋯⋯⋯⋯ 003
      1.2.1　自动飞行控制系统与飞行员之间的关系 ⋯⋯⋯⋯⋯⋯⋯⋯⋯⋯⋯⋯⋯⋯ 003
      1.2.2　自动飞行控制系统的主要子系统 ⋯⋯⋯⋯⋯⋯⋯⋯⋯⋯⋯⋯⋯⋯⋯⋯⋯ 004
      1.2.3　自主化水平等级划分 ⋯⋯⋯⋯⋯⋯⋯⋯⋯⋯⋯⋯⋯⋯⋯⋯⋯⋯⋯⋯⋯⋯ 005
  1.3　飞行动力学 ⋯⋯⋯⋯⋯⋯⋯⋯⋯⋯⋯⋯⋯⋯⋯⋯⋯⋯⋯⋯⋯⋯⋯⋯⋯⋯⋯⋯ 006
      1.3.1　动力学建模 ⋯⋯⋯⋯⋯⋯⋯⋯⋯⋯⋯⋯⋯⋯⋯⋯⋯⋯⋯⋯⋯⋯⋯⋯⋯⋯ 006
      1.3.2　飞行基本控制方程 ⋯⋯⋯⋯⋯⋯⋯⋯⋯⋯⋯⋯⋯⋯⋯⋯⋯⋯⋯⋯⋯⋯⋯ 009
      1.3.3　非线性全耦合运动方程 ⋯⋯⋯⋯⋯⋯⋯⋯⋯⋯⋯⋯⋯⋯⋯⋯⋯⋯⋯⋯⋯ 011
      1.3.4　线性解耦运动方程 ⋯⋯⋯⋯⋯⋯⋯⋯⋯⋯⋯⋯⋯⋯⋯⋯⋯⋯⋯⋯⋯⋯⋯ 011
  1.4　自动飞行控制系统的分类和模式 ⋯⋯⋯⋯⋯⋯⋯⋯⋯⋯⋯⋯⋯⋯⋯⋯⋯⋯⋯⋯ 012
      1.4.1　增稳系统 ⋯⋯⋯⋯⋯⋯⋯⋯⋯⋯⋯⋯⋯⋯⋯⋯⋯⋯⋯⋯⋯⋯⋯⋯⋯⋯⋯ 013
      1.4.2　姿态控制系统（保持功能） ⋯⋯⋯⋯⋯⋯⋯⋯⋯⋯⋯⋯⋯⋯⋯⋯⋯⋯⋯ 014
      1.4.3　航迹控制系统（导航功能） ⋯⋯⋯⋯⋯⋯⋯⋯⋯⋯⋯⋯⋯⋯⋯⋯⋯⋯⋯ 015
      1.4.4　控制增稳系统 ⋯⋯⋯⋯⋯⋯⋯⋯⋯⋯⋯⋯⋯⋯⋯⋯⋯⋯⋯⋯⋯⋯⋯⋯⋯ 016
      1.4.5　模式控制面板示例 ⋯⋯⋯⋯⋯⋯⋯⋯⋯⋯⋯⋯⋯⋯⋯⋯⋯⋯⋯⋯⋯⋯⋯ 017
  1.5　飞行品质 ⋯⋯⋯⋯⋯⋯⋯⋯⋯⋯⋯⋯⋯⋯⋯⋯⋯⋯⋯⋯⋯⋯⋯⋯⋯⋯⋯⋯⋯ 019
      1.5.1　基本原理 ⋯⋯⋯⋯⋯⋯⋯⋯⋯⋯⋯⋯⋯⋯⋯⋯⋯⋯⋯⋯⋯⋯⋯⋯⋯⋯⋯ 019
      1.5.2　类别、分类和可接受水平 ⋯⋯⋯⋯⋯⋯⋯⋯⋯⋯⋯⋯⋯⋯⋯⋯⋯⋯⋯⋯ 020
  1.6　习题 ⋯⋯⋯⋯⋯⋯⋯⋯⋯⋯⋯⋯⋯⋯⋯⋯⋯⋯⋯⋯⋯⋯⋯⋯⋯⋯⋯⋯⋯⋯⋯ 020

第2章　闭环控制系统 ⋯⋯⋯⋯⋯⋯⋯⋯⋯⋯⋯⋯⋯⋯⋯⋯⋯⋯⋯⋯⋯⋯⋯⋯⋯⋯⋯ 022
  2.1　引言 ⋯⋯⋯⋯⋯⋯⋯⋯⋯⋯⋯⋯⋯⋯⋯⋯⋯⋯⋯⋯⋯⋯⋯⋯⋯⋯⋯⋯⋯⋯⋯ 022
  2.2　控制系统的基本原理 ⋯⋯⋯⋯⋯⋯⋯⋯⋯⋯⋯⋯⋯⋯⋯⋯⋯⋯⋯⋯⋯⋯⋯⋯⋯ 022
      2.2.1　定义和要素 ⋯⋯⋯⋯⋯⋯⋯⋯⋯⋯⋯⋯⋯⋯⋯⋯⋯⋯⋯⋯⋯⋯⋯⋯⋯⋯ 023
      2.2.2　控制律 ⋯⋯⋯⋯⋯⋯⋯⋯⋯⋯⋯⋯⋯⋯⋯⋯⋯⋯⋯⋯⋯⋯⋯⋯⋯⋯⋯⋯ 024
      2.2.3　控制器的配置和控制架构 ⋯⋯⋯⋯⋯⋯⋯⋯⋯⋯⋯⋯⋯⋯⋯⋯⋯⋯⋯⋯ 025

2.2.4　飞行控制模式 …………………………………………………………… 027
　　2.2.5　传感器 ………………………………………………………………… 028
2.3　作动器 ………………………………………………………………………… 030
　　2.3.1　术语 …………………………………………………………………… 030
　　2.3.2　电机 …………………………………………………………………… 031
　　2.3.3　液压作动器 …………………………………………………………… 031
　　2.3.4　延迟 …………………………………………………………………… 032
　　2.3.5　饱和 …………………………………………………………………… 033
2.4　飞行控制的要求 ……………………………………………………………… 033
　　2.4.1　纵向控制要求 ………………………………………………………… 033
　　2.4.2　滚转控制要求 ………………………………………………………… 034
　　2.4.3　航向控制要求 ………………………………………………………… 035
2.5　控制律 ………………………………………………………………………… 035
　　2.5.1　PID 控制 ……………………………………………………………… 035
　　2.5.2　最优控制 ……………………………………………………………… 036
　　2.5.3　可变增益 ……………………………………………………………… 037
　　2.5.4　鲁棒控制 ……………………………………………………………… 037
　　2.5.5　数字控制 ……………………………………………………………… 038
2.6　控制系统设计过程 …………………………………………………………… 039
2.7　习题 …………………………………………………………………………… 042

第3章　姿态控制系统 ……………………………………………………………… 044

3.1　引言 …………………………………………………………………………… 044
3.2　巡航飞行要求 ………………………………………………………………… 045
3.3　俯仰姿态保持 ………………………………………………………………… 047
3.4　高度保持 ……………………………………………………………………… 049
3.5　马赫数保持 …………………………………………………………………… 051
3.6　机翼改平 ……………………………………………………………………… 054
3.7　协调转弯 ……………………………………………………………………… 057
　　3.7.1　协调转弯的控制方程 ………………………………………………… 057
　　3.7.2　框图 …………………………………………………………………… 059
　　3.7.3　副翼与方向舵的交联 ………………………………………………… 061
3.8　航向保持 ……………………………………………………………………… 062
3.9　垂直速度保持 ………………………………………………………………… 065
3.10　习题 …………………………………………………………………………… 067

第4章 航迹控制系统 ························· 069

- 4.1 引言 ························· 069
- 4.2 着陆操纵过程 ························· 071
- 4.3 进近航向信标跟踪 ························· 073
- 4.4 进近下滑道保持 ························· 075
- 4.5 自动拉平控制 ························· 079
- 4.6 自动着陆系统 ························· 084
- 4.7 VOR 跟踪 ························· 088
- 4.8 自动飞行高度控制 ························· 091
- 4.9 自动爬升和下降 ························· 093
- 4.10 地形跟随控制系统 ························· 095
- 4.11 航向跟踪系统 ························· 097
- 4.12 跟踪一系列航迹点 ························· 098
- 4.13 感知与防撞系统 ························· 099
- 4.14 习题 ························· 101

第5章 增稳系统 ························· 103

- 5.1 引言 ························· 103
- 5.2 俯仰阻尼器 ························· 105
  - 5.2.1 基本俯仰阻尼器 ························· 106
  - 5.2.2 纵向静稳定性增强系统 ························· 107
  - 5.2.3 俯仰轴增稳系统 ························· 109
- 5.3 偏航阻尼器 ························· 110
  - 5.3.1 基本偏航阻尼器 ························· 111
  - 5.3.2 侧滑角反馈 ························· 113
- 5.4 滚转阻尼器 ························· 115
- 5.5 横向-航向增稳系统 ························· 117
- 5.6 防失速系统 ························· 118
- 5.7 自动配平系统 ························· 121
- 5.8 习题 ························· 125

第6章 控制增稳系统 ························· 127

- 6.1 引言 ························· 127
- 6.2 法向加速度 CAS ························· 128
- 6.3 俯仰角速率 CAS ························· 132

6.4 横向-航向 CAS ·· 134
6.5 阵风载荷减缓系统 ··· 136
    6.5.1 大气阵风 ·· 136
    6.5.2 垂直阵风 ·· 137
    6.5.3 阵风载荷数学模型 ································ 138
    6.5.4 翼根弯矩 ·· 139
    6.5.5 气动弹性模型 ······································ 140
    6.5.6 升力分布 ·· 142
    6.5.7 框图 ··· 143
6.6 习题 ··· 146

参考文献 ··· 147

第 1 章
自动飞行控制系统基础

1.1 引言

20 世纪 50 年代，现代飞机的发展产生了对自动飞行控制系统的需求。自动飞行控制系统（Automatic Flight Control Systems，AFCS）最初的任务是执行日常飞行任务，减轻飞行员的操纵负担，提高航程的燃油效率。自动飞行控制系统是长航时飞行控制的主要机载系统，是航空现代化的基础。为了减轻飞行员的工作量，特别是在长途飞行中，所有现代运输飞机都配备了自动飞行控制系统。

20 世纪 70 年代，自动飞行控制技术的发展使得通用动力公司的 F-16 战斗机得以应用电传飞行控制技术和"放宽静稳定性"设计。战斗机的自动飞行控制系统通常被设计为：低速时，为飞行员提供俯仰角速度（反馈）控制；高速时，实现法向加速度（n_z）（反馈）控制。自动飞行控制系统优化了飞机在规划航线上飞行的性能和精度。虽然自动飞行是未来的趋势，但是在极端情况下仍然需要飞行员人工干预飞行。设计自动飞行控制系统是相当繁重的任务，涉及大量的分析工作。

在本书中，同时使用自动飞行控制系统和自动驾驶仪系统两个概念。自动驾驶仪系统通过集成的软件和硬件，提供三种功能：①控制；②导航；③引导（制导）。在典型的自动驾驶仪系统中，三种子系统同时受到三个规律的约束：

（1）控制系统——控制律。
（2）引导（制导）系统——导引律（制导律）。
（3）导航系统——引导律。

当设计自动驾驶仪系统时，需要选择或设计所有三个规律。自动驾驶仪系统的任务如下：①稳定欠阻尼或不稳定系统；②准确跟踪导引系统产生的（导引）指令。

自动驾驶仪系统能够执行多种长航时的任务，帮助飞行员集中精力于飞行的总体情况。这类任务包括保持指定的高度、速度、航向，爬升或下降到指定的高度，进入转弯或拦截航线，引导飞机在预定路线的航路点之间飞行，以及执行进近任务，此外，当自动驾驶仪系统保持飞机在预定的航向、航线、高度、速度上时，飞行员可以有时间来自由调整飞行计划。

与有人机相比，无人机（Unmanned Aerial Vehicle，UAV）中最重要的子系统是自动驾驶仪系统，因为在无人机中没有飞行员。自动驾驶仪系统是无人机至关重要的子系统，作为一种机电系统，必须能够自动完成各种控制功能，包括自动起飞、向目的地飞行、执行任务（如监视）以及自动着陆。自动驾驶仪系统的责任（功能）如下：①稳定 UAV（姿态）；②跟踪命令；③引导 UAV；④导航。

在自动控制理论中，负反馈闭环控制系统通常能够实现以下四个基本功能。

- 稳定（Regulating）：此功能通常指保持系统输出在特定值或范围内，常被称为保持功能。例如，Learjet 75 飞机的姿态控制系统（见第 3 章）主要用来保持飞机的飞行姿态。

- 跟踪（Tracking）：跟踪功能是指系统输出能够跟随期望的轨迹或指令。这种功能通常在航迹控制系统中实现，如波音 767 飞机的航迹控制系统（见第 4 章），它能够按照预设的航迹飞行。

- 增稳（Stabilizing）：当一个不稳定的系统引入负反馈时，负反馈会增强系统的稳定性。例如，B-2 飞机利用负反馈来增强其飞行动力学模型的稳定性（见第 5 章）。

- 改善系统响应（Improve the plant response）：当系统的自然响应不满足性能要求时，负反馈可以用来改善系统的响应。例如，F-14 飞机的增控功能（Control augmentation）（见第 6 章），它通过引入额外的控制来改善飞机的操控性能。

飞行控制系统的两个核心目标为：①确保闭环稳定性；②实现可接受性能（时间响应）。设计目标确定后，对控制器进行设计，以达成：①确保闭环稳定性；②使阶跃输入的响应达到令人满意的程度。

现代无线通信及微机电系统技术的飞速发展，使得成本相对较低的微型自动驾驶仪成为现实。使用自动驾驶仪系统带来的极为宝贵的优势之一在于，它能够承担操控控制面和发动机油门等持续任务。这一优点为飞行员提供了更多的时间来全面观察和管理整个飞行状况。本章阐述自动飞行控制系统/自动驾驶仪系统的基本原理,包括主要子系统、动态建模,以及飞行控制系统的分类与工作模式。

1.2 自动飞行控制系统的要素

1.2.1 自动飞行控制系统与飞行员之间的关系

自动飞行控制系统、飞行员和飞行参数之间的基本关系如图 1.1 所示。图中虽然有飞行任务和飞机动力学模型,但存在两个指令输入源。飞行员和自动飞行控制系统可以同时或分别向飞机施加输入。在大多数飞行情况下,只由飞行员或自动飞行控制系统单独来控制飞机。然而,某些 AFCS 模式(如偏航阻尼器模式)可以在飞行员控制飞机时启用。在任何时候,飞行员都拥有启用/禁用(开/关)任何 AFCS 模式的权限。

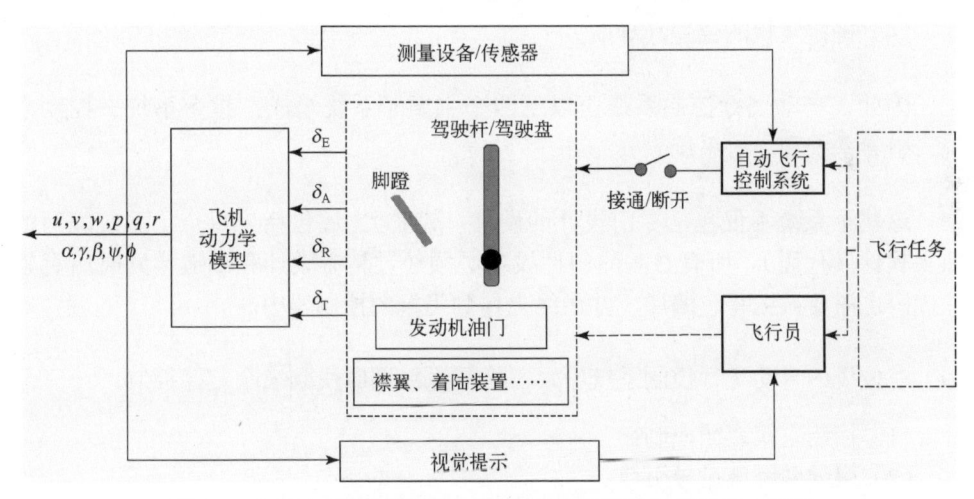

图 1.1 自动飞行控制系统、飞行员和飞行参数之间的基本关系

飞行员和自动飞行控制系统各自拥有一套独立的测量设备,还有多种共同的传感器。无论是飞行员还是自动飞行控制系统,都配备了三个姿态陀螺仪、三个角速度陀螺仪、三个磁力计、惯性测量单元(Inertial Measurement Unit,IMU)、空速计、GPS、雷达、发射机、接收机和高度计等传感器。对自动飞行控制系统来说,传感器信号会被传输至飞控计算机,以计算出指令信号。而对于飞行员,

这些测量值则通过仪表板和显示屏（视觉提示）进行显示。飞行员利用这些信息来确定飞机的位置，并引导、控制飞机飞往目的地。当处于自动驾驶模式时，飞行员可通过自动驾驶控制面板上的模式按钮将其断开。

飞机操纵可以通过机械、液压和电气组件完成。在大型运输机和战斗机上，控制面完全由液压系统驱动，飞行员的脚蹬或驾驶杆没有力或运动反馈。这种飞行控制系统被称为不可逆控制系统（Irreversible Control System），需要在驾驶杆/脚蹬上添加载荷和弹簧，为飞行员提供操纵感受。控制面由液压作动器和电液阀驱动。驾驶杆/脚蹬通过液压机械连接与伺服/执行器相连。

1.2.2 自动飞行控制系统的主要子系统

自动飞行控制系统的核心功能包括：

（1）与导航系统同时工作，精确追踪由指令系统生成的命令。
（2）引导飞机沿着预定的轨迹飞行。
（3）在欠阻尼或不稳定状态下提供稳定性。
（4）确定飞机的位置（导航）。

因此，自动飞行控制系统由以下四个主要子系统组成：指令系统、控制系统、引导系统和导航系统。

这些子系统不仅包括专门设计的硬件（设备），还包括为每个子系统编写的独立软件（代码）。所有必需的硬件设备必须经过精心设计和制造，同时所有软件代码也需要被编写、编译，并最终上传到飞机的控制器中。

在传统的自动飞行控制系统中，三个子系统同时受到三个定律控制：

（1）控制系统遵循控制律。
（2）引导系统遵循导引律。
（3）导航系统遵循引导律。

在自动飞行控制系统的设计过程中，需要开发和设计以上三个定律。控制律的设计是整个自动飞行控制系统设计的核心。控制系统、引导系统和导航系统之间的关系如图 1.2 所示。注意，图中并未涉及指令系统，这部分内容将在后续章节中详细介绍。

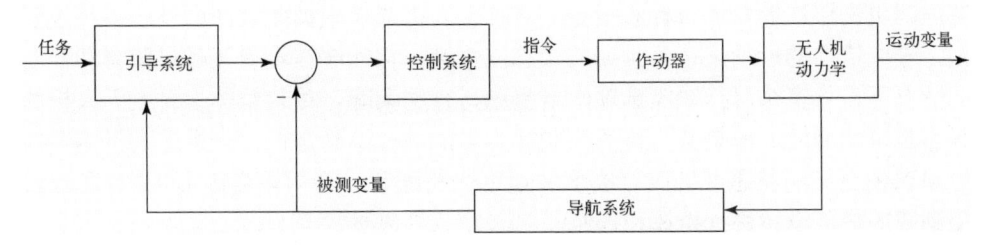

图 1.2　控制系统、引导系统和导航系统之间的关系

当分析任何自动飞行控制系统的工作模式时，都需要两类关键信息：

（1）所选飞行参数的控制器类型。
（2）反馈的类型和数量，以及相应的传感器配备。

1.2.3　自主化水平等级划分

一次完整的典型飞行包括以下几个阶段：①地面滑行，包括地面避障；②起飞；③爬升；④巡航；⑤转弯和机动；⑥下降；⑦着陆；⑧地面维护；⑨各阶段的特情处置。自主化水平是基于飞行阶段来定义的，且可划分为不同的级别。本书还将探讨某些高阶的自主性，例如自主探测避障和故障监控。

一般而言，操纵无人机有如下四种方式：①远程控制；②辅助控制自动飞行；③半自主飞行；④全自主飞行。在全自主控制下，机载计算机完成无人机的控制。最简单的自动飞行控制系统组成包括姿态传感器和机载计算机。参考文献[41]将自主化水平分为 11 个（0～10）级别，作为衡量导航控制（Guidance Navigation Control，GNC）能力的标准：⓪远程控制；①自动飞行控制；②外部系统独立导航；③故障/事件自适应；④实时障碍/事件检测和航迹规划；⑤实时协同导航和航迹规划；⑥动态任务规划；⑦实时协同任务规划；⑧态势感知和评估；⑨群体认知和集体决策；⑩完全自主。

在自动飞行控制系统中，飞机通过编程来遵循一套预先定义的规则，这些规则是基于一个或多个传感器反馈设计的。了解飞机遵循的规则集意味着可以预测其所有可能的输出。现代自动飞行系统能够让飞机在整个任务过程中自主飞行，而不需要人工干预，飞行员只需监控其运行状态。

在无人机领域，对于自主性的定义尚存在分歧。在本书中，自主化水平被定义为能够在没有飞行员直接干预的情况下独立完成任务的能力。因为自动飞行控制系统负责决策过程，所以这通常涉及一定程度的人工智能。一架自主无人机能够理解更高层次的任务目标和指令。这种无人机能够根据对意图的理解和环境感知，采取恰当的行动来达到预期的状态或轨迹。它能够在没有飞行员监督和控制的情况下，从多个可行决策选项中自主选择行动策略。尽管整体上自主无人机的行为是可预测的，但是其具体的控制行为可能具有不确定性。自主无人机能够监控和评估自身的状态（如飞行高度和速度）与配置（如襟翼角度），并对飞行器上搭载的任务设备进行指挥和控制。

自主化水平的关键要素包括指令、控制、导航和制导。为了降低操作飞行员的负担，更高的自主化水平涵盖了从感知与避让、故障监测、智能飞行规划到系统重构的一系列功能（按自主化水平递增的顺序排列）。自主行为的核心是观察、调整、决策和执行。航空工业的愿景是最终达到自主无人机能够在无须人工干预的情况下，实现所有飞行阶段的飞行。实现这一愿景需要导航系统、控制系统、传感器、航空电子设备、通信系统、基础设施、软件以及微处理器等领域的技术进步。

1.3　飞行动力学

1.3.1　动力学建模

自动飞行控制系统的设计需要包括无人机动力学在内的各种数学基础和技术信息。分析和设计自动驾驶仪的第一步是用数学语言描述飞行器的动力学。物理系统的定量数学描述被称为**动力学建模**。数学描述有多种方法，应用最广泛的方法是微分方程。

基于数学语言描述系统的动态特性和组成被称为**动力学建模**（Dynamics modeling）。对飞行器而言，其动态行为（飞行动力学）是基于牛顿第二定律的，即当施加力于物体时，物体的加速度与该力的强度成正比，与力的方向一致，并且与物体的质量成反比。

当物理系统（如飞机）被一组数学方程建模后，这些方程会被处理为合适的数学形式。通常有两大类技术用于动态系统建模：①传递函数表示法；②状态空间表示法。传递函数表示法在 s 域（频率域）中描述，而状态空间表示法则在时域中描述。此外，动态系统还可通过方块图这种图形化方法来表示。无人机作为一种动态系统，其动态特性可以通过上述任意一种方法建模。借助飞机的动态模型，可以设计出符合设计要求的自动飞行控制系统。

对于单输入单输出（Single-Input Single-Output，SISO）系统，其数学模型

可用传递函数来表示。由于系统本身具有动态特性，其数学模型通常表现为微分方程形式。对这些微分方程做线性化处理后，可以运用拉普拉斯变换来推导出传递函数。传递函数的基本形式是两个关于复变量 s 的多项式的比值，即

$$F(s) = \frac{b_1 s^m + b_2 s^{m-1} + \cdots + b_{m+1}}{s^n + a_1 s^{n-1} + \cdots + a_n} \tag{1.1}$$

二阶系统被建模为

$$F(s) = \frac{N(s)}{as^2 + bs + c} \tag{1.2}$$

式中，$N(s)$ 表示分子，它在这种情况下是一阶多项式。对于一个纯粹的二阶动态系统，其标准形式依赖于参数阻尼比（ξ）和自然频率（ω_n）：

$$F(s) = \frac{k}{s^2 + 2\xi\omega_n s + \omega_n^2} \tag{1.3}$$

在设计过程中，会设计期望阻尼比和自然频率来满足控制系统的设计要求。传递函数的分母被称为特征多项式/方程（Characteristic Polynomial/Equations），因为它揭示了动态系统的稳定性特性。在一阶系统（纯指数型）中，主要的性能参数是时间常数。

在经典控制理论中，传递函数是核心概念，但它主要适用于 SISO 系统。设计者在使用经典控制理论时，通常必须采取逐环节设计的方法。然而，对于多输入多输出（Multiple-Input Multiple-Output，MIMO）系统，状态空间表示法是一种更适合的矩阵形式。这种表示法包含一系列一阶线性微分方程和相应的线性代数方程，它们共同构成了系统的数学模型：

$$\begin{aligned}\dot{\boldsymbol{x}} &= \boldsymbol{A}\boldsymbol{x} + \boldsymbol{B}\boldsymbol{u} \\ \boldsymbol{y} &= \boldsymbol{C}\boldsymbol{x} + \boldsymbol{D}\boldsymbol{u}\end{aligned} \tag{1.4}$$

式中，***A***，***B***，***C*** 和 ***D*** 是矩阵，***x*** 是状态变量，***u*** 是控制（输入）变量，***y*** 是输出变量。

控制系统设计过程需要飞机数学模型作为设计的基础。飞机建模过程包括：①动力学建模；②空气动力学建模；③发动机建模；④结构建模。飞机本质上是一个非线性系统，其动态特性和运动方程也是非线性的，但是飞机动态模型可以进行线性化或解耦。非线性耦合运动方程是最完整的动态模型。常常使用平面地球向量运动方程，当它们展开时，可以得到用于飞行控制系统设计和飞行仿真的标准六自由度方程。其他的飞机动态模型包括：①线性解耦运动方程；②复合坐标系；③线性耦合运动方程；④非线性解耦运动方程。

作为空气动力学模型的一部分，飞机的空气动力和力矩是根据动压、飞机几何形状和无量纲气动导数确定的。这些气动导数被假定为状态变量和控制输入的线性函数。在控制系统设计和飞行仿真中，这些力和力矩是运动方程的重要组成部分之一。

推进系统模型是根据飞机发动机系统（如螺旋桨驱动或喷气发动机）来构建的。对于喷气发动机，发动机推力（T）是通过油门位置（δ_T）来建模的。而对于螺旋桨驱动的发动机，发动机功率取决于所需的推力、飞机速度和螺旋桨效率。多篇文献介绍了控制系统设计方法，选择何种类型的控制系统取决于系统的特性和设计要求。控制系统的核心是控制器，许多文献和论文研究了控制器的设计问题，书末的参考文献[38]和[39]提供了多种设计技术。

真实的飞机行为具有非线性特征，并且伴随着不确定性。同时，值得注意的是，所有测量设备（包括陀螺仪和加速度计）都会产生一定的噪声，这些噪声需要被过滤。众所周知，大气是一个动态变化的系统，会在飞机的整个飞行过程中产生众多干扰。另外，鉴于燃油既昂贵又有限，而且作动器在动态方面存在限制，在控制系统设计中实现优化是必要的。因此，能够同时满足所有安全、成本和性能要求的设计技术寥寥无几，鲁棒非线性控制便是其中之一。为了挑选出最合适的控制技术，必须进行权衡研究，并对所有候选控制器的优势和劣势进行比较。

几乎所有动态系统都是非线性的，然而绝大多数控制律都是基于线性时不变系统假设来设计的。只要响应的误差最小（或者在某种实际意义上是可以接受的），线性时不变模型就能简化控制系统设计过程，这是因为响应属性可以与模型参数直接关联。

飞行器领域目前广泛使用了建模和仿真技术。在建模、控制系统设计或仿真中出现的微小错误可能导致飞行中的问题，在最坏情况下，甚至可能导致飞行器的损失。只要参数变化的动态效应与状态变化相比很慢，控制设计就可以基于一组时不变动态模型。如果快速变化的参数与状态分量无法区分，那么这些参数应该包含在一个扩展的状态向量中进行估计。

完整的飞机系统和动力学模型包含了不同的子系统模型（如空气动力学、结构、推进和控制系统），这些子系统对任何输入都有相互依赖的响应。这些子系统还与其他子系统相互作用，飞机的动态建模是其仿真的核心。飞行器系统对任何输入的响应，包括指令或扰动（如风切变），可以通过一组常微分方程（运动方程）来建模。处理这些非线性、完全耦合的运动微分方程并不是一项简单的任务。

飞机的动力学可通过多种方式建模，运动方程的形式包括如下几种：①非线性全耦合；②非线性半耦合；③非线性解耦；④非线性重构；⑤线性耦合；⑥线性解耦；⑦线性时变。

为了通过计算机仿真来评估包括其控制系统在内的飞行器（有人或无人）的性能，我们不得不始终使用非线性全耦合模型。为了设计一个控制系统，我们会使用上述模型之一。这些模型各有优缺点，包括精确性、准确性、复杂性和可信度。使用飞行仿真工具来降低飞行器系统和飞行测试的风险，可以缩短整个项目的周期。

1.3.2 飞行基本控制方程

牛顿第二定律指出，线动量（mV）和角动量（$I\omega$）的时间导数分别等于外力（F）和力矩（M）：

$$\sum F = \frac{\mathrm{d}}{\mathrm{d}t}(mV_\mathrm{T}) \tag{1.5}$$

$$\sum M = \frac{\mathrm{d}}{\mathrm{d}t}(I\omega) \tag{1.6}$$

式中，m, V_T, I 和 ω 分别是飞机的质量、总空速、飞机的质量惯性矩和角速度。如图 1.3 所示，飞机有三个轴（x, y, z），因此飞机有六个自由度（Degree Of Freedom, DOF），即沿着三个轴的三种线性位移和围绕三个轴的三种角位移。相比之下，有三个线速度（U, V, W）和三个角速度（P, Q, R）。三个角速度分别代表绕 x 轴的滚转角速率（P）、绕 y 轴的俯仰角速率（Q）和绕 z 轴的航向速率（R）。

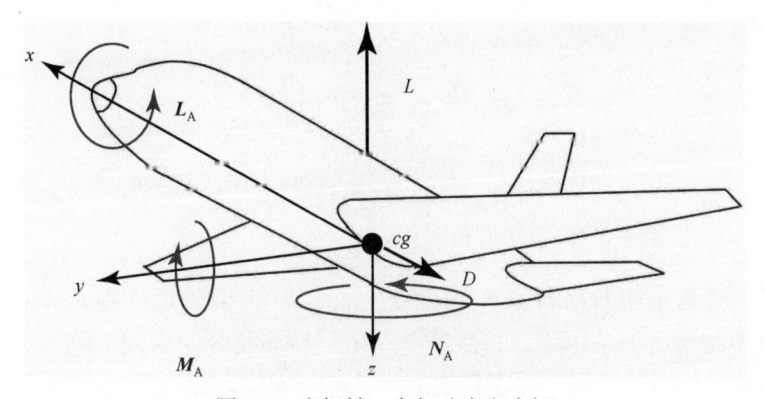

图 1.3 坐标轴、空气动力和力矩

因此，存在三组力，包括重力、空气动力（F_A）和推力（F_T），以及三个空气动力矩。空气动力 D, Y 和 L 分别是阻力、侧力和升力,而 L_A, M_A, N_A 是空气动力矩。下一节将讨论空气动力和动力矩。将力、动力矩和速度代入式(1.5)和式(1.6),得到标准的机体轴六阶非线性微分方程组[2]。

力方程组:

$$m(\dot{U} - VR + WQ) = mg_x + F_{A_x} + F_{T_x} \tag{1.7}$$

$$m(\dot{V} + UR - WP) = mg_y + F_{A_y} + F_{T_y} \tag{1.8}$$

$$m(\dot{W} - UQ + VP) = mg_z + F_{A_z} + F_{T_z} \tag{1.9}$$

力矩方程组:

$$\dot{P}I_{xx} - \dot{R}I_{xz} - PQI_{xz} + (I_{zz} - I_{yy})RQ = L_A + L_T \tag{1.10}$$

$$\dot{Q}I_{yy} + (I_{xx} - I_{zz})PR + I_{xz}(P^2 - R^2) = M_A + M_T \tag{1.11}$$

$$\dot{R}I_{zz} - \dot{P}I_{xz} + (I_{yy} - I_{xx})PQ + I_{xz}QR = N_A + N_T \tag{1.12}$$

式(1.7)至式(1.9)描述了沿 x 轴、y 轴和 z 轴的线性运动,构成了运动方程中的力学方程部分。相应地,式(1.10)至式(1.12)描述了绕 x 轴、y 轴和 z 轴的角运动,构成了运动方程中的力矩方程部分。

许多飞机是关于 xz 平面对称的,因此惯性积(I_{xz})可以假定为零。此外,推力力矩(L_T, M_T, N_T)也可忽略不计。应用这两个假设后,就得到了力矩方程的简化版:

$$\dot{P} = \frac{I_{yy} - I_{zz}}{I_{xx}}QR + \frac{L_A}{I_{xx}} \tag{1.13}$$

$$\dot{Q} = \frac{I_{zz} - I_{xx}}{I_{yy}}RP + \frac{M_A}{I_{yy}} \tag{1.14}$$

$$\dot{R} = \frac{I_{xx} - I_{yy}}{I_{zz}}PQ + \frac{N_A}{I_{zz}} \tag{1.15}$$

这些力矩方程也称欧拉方程(Euler Equation)。姿态角是通过积分角速度得到的,而不是通过三角函数计算得到的。为了开发控制律,式(1.7)至式(1.12)常被转换成其他形式,例如:①传递函数形式;②状态空间形式。当需要将多个运动变量反馈给多个控制器(如控制面)时,在传递函数的推导过程中会出现复杂的数学变换。

1.3.3 非线性全耦合运动方程

标准机体轴非线性全耦合运动方程包括三个力和三个力矩的一阶微分方程（在状态空间模型中），如下所示（见参考文献[1]）：

$$\dot{U} = RV - WQ - g\sin\theta + \frac{1}{m}(-D + T\cos\alpha) \tag{1.16}$$

$$\dot{V} = -UR + WP + g\sin\phi\cos\theta + \frac{1}{m}(Y + T\cos\alpha\sin\beta) \tag{1.17}$$

$$\dot{W} = UQ - VP + g\cos\phi\cos\theta + \frac{1}{m}(-L - T\sin\alpha) \tag{1.18}$$

$$\dot{P} = (c_1 R + c_2 P)Q + c_3(L_A + L_T) + c_4(N_A + N_T) \tag{1.19}$$

$$\dot{Q} = c_5 PR + c_6(P^2 - R^2) + c_7 M \tag{1.20}$$

$$\dot{R} = (c_8 P - c_2 R)Q + c_4(L_A + L_T) + c_9(N_A + N_T) \tag{1.21}$$

在上面的方程中，参数 c_i 是飞机转动惯量的函数，可以通过参考文献[1]中的公式计算得出。参数 U, V, W 分别是线速度，而 P, Q, R 是相应的角速度。空气动力 D, Y, L 分别是阻力、侧力和升力，而 L_A, M_A, N_A 是相应的空气动力矩。变量 α, β, ϕ 和 θ 分别是迎角、侧滑角、滚转角和俯仰角。无人机的运动包括纵向、横向和航向运动。

1.3.4 线性解耦运动方程

飞机运动的解耦基于这样一个假设：纵向运动与横向-航向运动是独立的。当将解耦（无耦合效应）和线性化同时应用于式（1.3）至式（1.8）时，状态空间方程[5]被分为两组，每组方程都有四个状态、两个输入和四个输出。

采用这种形式时，一个基本要点是它们仅在初始配平点（Trim Point）附近有效。这些方程的有效性与到配平点的距离成反比。随着飞行条件远离配平点，结果的有效性降低。线性解耦运动方程如下：

$$\begin{aligned}\dot{x} &= Ax + Bu \\ y &= Cx + Du\end{aligned} \tag{1.22}$$

式中，A, B, C 和 D 矩阵如下所示。

a. 纵向状态空间模型

$$\begin{bmatrix} \dot{u} \\ \dot{w} \\ \dot{q} \\ \dot{\theta} \end{bmatrix} = \begin{bmatrix} X_u & X_w & 0 & -g \\ Z_u & Z_w & u_0 & 0 \\ M_u & M_w & M_q & 0 \\ 0 & 0 & 1 & 0 \end{bmatrix} \begin{bmatrix} u \\ w \\ q \\ \theta \end{bmatrix} + \begin{bmatrix} X_{\delta_E} & X_{\delta_T} \\ Z_{\delta_E} & Z_{\delta_T} \\ M_{\delta_E} & M_{\delta_T} \\ 0 & 0 \end{bmatrix} \begin{bmatrix} \delta_E \\ \delta_T \end{bmatrix} \quad (1.23)$$

b. 横向-航向状态空间模型

$$\begin{bmatrix} \dot{\beta} \\ \dot{p} \\ \dot{r} \\ \dot{\phi} \end{bmatrix} = \begin{bmatrix} Y_\beta/u_0 & Y_p/u_0 & -1+Y_r/u_0 & g\cos\theta/u_0 \\ L_\beta & L_p & L_r & 0 \\ N_\beta & N_p & N_r & 0 \\ 0 & 0 & 0 & 1 \end{bmatrix} \begin{bmatrix} \beta \\ p \\ r \\ \phi \end{bmatrix} + \begin{bmatrix} 0 & Y_{\delta_A}/u_0 \\ L_{\delta_A} & L_{\delta_R} \\ N_{\delta_A} & N_{\delta_R} \\ 0 & 0 \end{bmatrix} \begin{bmatrix} \delta_A \\ \delta_R \end{bmatrix} \quad (1.24)$$

换句话说，纵向运动与横向-航向运动是独立的。

1.4 自动飞行控制系统的分类和模式

自动飞行控制系统的核心功能是控制飞行变量，确保飞机沿预定轨迹飞行。在无人飞行器中，由于没有飞行员参与，自动驾驶仪系统必须能够执行所有类型的控制任务，包括自动起飞、导航至目标地点以及自动降落。

小型单螺旋桨飞机的最简单自动驾驶仪系统被称为单轴系统（Single Axis System），它仅控制副翼。这种自动驾驶仪系统能够保持机翼水平，并且能够在滚转运动方面稳定飞机。此外，这种自动驾驶仪系统还可以保持一个航向或者跟踪一组 GPS 坐标航路点。更高级的自动驾驶仪系统可以控制副翼和升降舵，从而控制滚转和俯仰。这就使得自动驾驶仪系统能够维持高度或爬升率。

小型通用航空飞机（如塞斯纳奖状）通常配备的自动飞行控制系统相比空中客车或波音制造的大型运输飞机，功能上较为简单。参考文献[26]中详细介绍了 MD-11 运输机的自动驾驶仪系统、飞行导引系统，以及自动飞行控制系统的整体架构和余度管理概念。该系统的主要模式包括：自动着陆、风切变控制、纵向增稳、滚转控制轮转向、自动油门控制的速度包线保护、偏航阻尼器、转弯协调、载荷控制和襟翼限制控制、高度警报、失速抖杆警告、自动缝翼控制、自动地面扰流板、机轮加速和水平安定面运动检测、自动油门和发动机调节、起飞、巡航以及二类进近。

通常，自动飞行控制系统可以分为五个类别/功能：①增稳；②状态保持；③导航；④增控；⑤综合控制。这些功能常被称为自动驾驶仪模式（Autopilot Mode）。

前四个类别的功能将在后续部分简要阐述，并在第 3 章至第 6 章中深入讲解。在第五个类别（综合控制）中，不同的功能被整合在一起，以执行更复杂的任务。例如，通用原子能公司生产的"死神"MQ-9B（是其"捕食者"B 的认证版本）的自动驾驶仪系统被设计为可以自动执行整个情报、监视和侦察（Intelligence, Surveillance, and Reconnaissance，ISR）任务。2017 年 5 月 25 日，这款无人机实现了长达 48.2 小时的巡航。

1.4.1 增稳系统

对于稳定性较弱的飞机，自动飞行控制系统必须提供增稳功能。顾名思义，增稳系统（Stability Augmentation System，SAS）旨在增强开环系统的稳定性。它可提高飞机的稳定性，甚至可以使不稳定的飞机稳定下来。增稳系统也可以与操纵控制（地面系统/飞行员指令）同时使用。由于飞机有三个轴，因此有三个轴增稳系统，分别是：①滚转阻尼器；②偏航阻尼器；③俯仰阻尼器（阻尼器仅是增稳系统的一部分）。

随着飞行包线的扩展，需要在飞行包线的某些区域内增强飞机稳定性。由于飞机动力学特性的显著变化，在某一飞行条件下稳定且阻尼充分的动态状态，在另一飞行条件下可能变得不稳定或阻尼不足。对于这些情况，自动飞行控制系统不仅作为一种自动控制系统，还提供增稳功能。

图 1.4 展示了一架配备了现代自动飞行控制系统的远程运输机波音 777。这架飞机上的一些自动飞行控制模式包括：

（1）高度保持（Altitude Hold）。
（2）偏航阻尼器（Yaw Damper）。
（3）进近下滑道保持（Approach Glide Slope Hold）。
（4）甚高频全向信标保持［Very-high-frequency Omni-directional Range (VOR) Hold］。
（5）空速保持（Airspeed Hold）。
（6）垂直速度保持（Vertical Speed Hold）。
（7）自动着陆（Automatic Landing）。
（8）自动调节配平轮（Automatic Control of Trim Wheel）。
（9）横向-航向增稳系统（Lateral-directional SAS）。
（10）自动飞行高度控制（Automatic Flight Level Change）。

图 1.4 远程运输机波音 777

1.4.2 姿态控制系统（保持功能）

飞机的横向和航向运动通常是耦合的，因此保持功能分为两个基本组：纵向保持功能和横向-航向保持功能。在纵向平面中，主要有四种保持功能：俯仰姿态保持、高度保持、速度/马赫保持和垂直速度保持。然而，在横向-航向模式中，有三种主要的保持功能：①滚转角保持或机翼水平保持；②航向角保持；③水平飞行中的转弯速率模式。

纵向保持功能是有效控制长时间巡航飞行的方法。由于飞行中燃料的消耗，飞机在起飞和降落时的质量差异可能很大（通常约为 20%）。对于全球鹰这样的长续航无人机，飞机质量的变化可能高达 50%。在任何给定的质量和高度下，为了保持直线水平飞行，升力必须恰好等于飞机的质量。诺斯洛普·格鲁曼公司的 RQ-4 全球鹰是一种配备了现代自动飞行控制系统的超高空远程无人侦察机，如图 1.5 所示。

图 1.5 诺斯洛普·格鲁曼公司的 RQ-4 全球鹰

由于在飞行过程中燃料被消耗，飞机的质量在飞行期间会持续减少。为了保持水平飞行，也必须相应地减小升力。在众多可能的解决方案中，只有三种备选方案更为实际，且通常会进行验证。在每种情况下，有两个飞行参数在整个巡航过程中保持恒定。对巡航期间连续减小升力的三个选择是：减小飞行速度、增加飞行高度、减小迎角。

姿态控制系统通常比增稳系统的控制复杂，因为通常会使用更多的控制面。

1.4.3 航迹控制系统（导航功能）

对于导航功能，有两种保持功能组：纵向导航功能和横向-航向导航功能。在纵向平面中，主要有六种模式：

（1）自动拉平模式（Automatic Flare Mode）。
（2）进近下滑道控制（Approach Glide Slope Control）。
（3）自动爬升和下降（Automatic Climb and Descent）。
（4）自动着陆（Automatic Landing）。
（5）地形跟随（Terrain Following）。
（6）自动飞行高度控制（Automatic Flight Level Change）。

在横向-航向模式中，有六种主要的保持功能：

（1）航向信标跟踪（Localizer Tracking）。
（2）甚高频全向信标跟踪（VOR Tracking）。
（3）转弯协调（Turn Coordination）。
（4）航向跟踪（Heading Tracking）。
（5）跟踪航路点（Tracking a Series of Waypoints）。
（6）感知与防撞系统（Detect and Avoid System）。

这些导航功能将在第 4 章中详细讨论。

甚高频全向信标（VOR）是一种用于飞机的无线电导航系统。VOR 基站广播一个 VHF 无线电信号，其中包含的数据使得机载接收器能够计算出从基站到飞机的磁方位。这条位置线被称为径向（Radial）。

1.4.4 控制增稳系统

增稳自动驾驶仪系统改善了飞机的稳定性,而控制增稳增强了对控制输入的响应。长周期运动模式(如纵向运动中的沉浮模式和横向-航向运动中的螺旋模式)可以通过飞行员介入控制。但是,由于不希望飞行员持续关注控制这些模式,需要一个自动控制系统来提供缓解飞行员的操纵负担。参考文献[1]中介绍了自动飞行控制系统的设计,并且提供了一些详细的例子。

在控制增稳系统类别中,主要有三种系统:指令跟踪系统、阵风载荷减轻系统和法向加速度控制增稳系统。指令跟踪系统进一步细分为俯仰角速度跟踪和滚转/航向速度跟踪两种模式。指令跟踪系统也称模型跟随系统(Model Following System),因为它能够生成随时间变化的轨迹。表 1.1 概述了自动飞行控制系统的常见类别。

表1.1 自动飞行控制系统的常见类别

类别	1	2		3		4
序号	增稳系统(SAS)	保持功能		导航模式		控制增稳系统(CAS)
		纵向	横向-航向	纵向	横向-航向	
1	滚转阻尼器	俯仰姿态保持	滚转角保持机翼改平	自动拉平模式	航向信标跟踪	俯仰角速度 CAS
2	俯仰姿态保持	高度保持	航向角保持	进近下滑道跟踪	甚高频全向信标跟踪	横向-航向 CAS
3	偏航阻尼器	速度/马赫保持	平飞时的转弯速率保持模式	自动飞行高度控制	航向跟踪	法向加速度 CAS
4	横向-航向 SAS	垂直速度保持		地形跟随	转弯协调	阵风载荷减轻系统
5	防失速系统			自动着陆		
6	自动配平系统			自动爬升和下降		
7	跟随一系列航路点					
8	感知与防撞系统					

在参考文献[1]中,增稳和控制增稳被称为非自动驾驶仪(Non-autopilot)功能,而保持(导航)功能则被称为自动驾驶仪(Autopilot)功能。在本书中,增稳、控制增稳、保持模式和航迹控制模式统称为自动飞行控制系统(AFCS)功能。增稳基于大气干扰引起的飞机运动变量控制,而控制增稳基于飞行员/自动驾驶仪系统引起的飞机运动变量控制。

1.4.5 模式控制面板示例

了解飞行员对驾驶舱内自动飞行控制系统界面的直观感受，对设计者来说是非常有益的。这将有助于确保飞行员在使用自动飞行控制系统模式时，能够获得顺畅且有效的操纵体验。飞行员利用自动飞行控制系统操纵界面的旋钮、按钮、刻度盘、显示屏或其他控制装置，设定目标。在使用自动飞行控制系统时，飞行员需要通过三种界面与飞机互动：①模式控制面板；②主飞行显示器（包括飞行模式指示器）；③次飞行显示器。这些界面为飞行员提供了清晰的视觉和操作反馈，以实现自动飞行控制系统的高效控制。

主飞行显示器通常整合了所有用来进入自动驾驶模式的控制装置。飞行员可以使用旋钮来进入典型模式，而无须将视线从主飞行仪表上移开。通过控制装置模式，进入指令会被自动飞行控制系统处理。主飞行显示器会显示已进入或已接通的自动驾驶模式。更先进的主飞行显示器可能使用不同的颜色来区分已进入或已接通的自动驾驶功能，从而为飞行员提供更直观的操纵反馈。

一些自动驾驶模式在接通时会取消其他模式（如高度保持模式）。每个自动驾驶界面都会显示当前的模式，大多数自动飞行控制系统还会指示已准备就绪的模式，一旦满足某些参数（如航向信标截获），就会进入该模式。图 1.6 所示为一个简单自动飞行控制系统的面板，显示了选定的 5500ft 高度，以及一些模式，如 ALT（高度）、APR（进近）和 HDG（航向）。

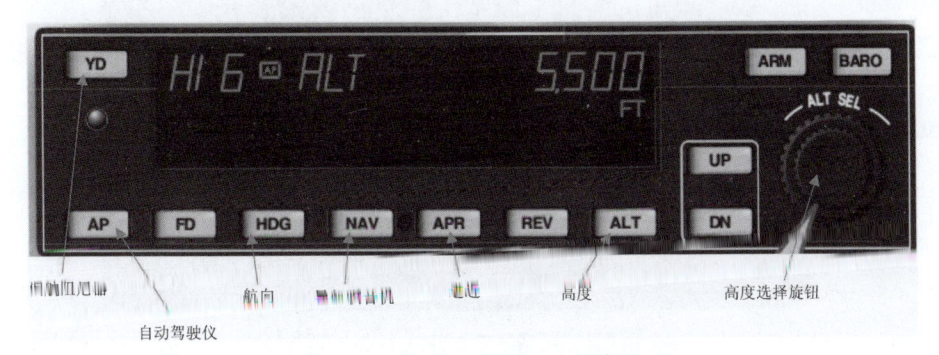

图 1.6　一个简单自动飞行控制系统的面板

图 1.7 展示了波音 777 的模式控制面板，其中包括四个选择窗（①IAS/马赫；②航向跟踪；③V/S，FPA；④高度）、12 个按钮（包括自动驾驶接通）以及其他开关。

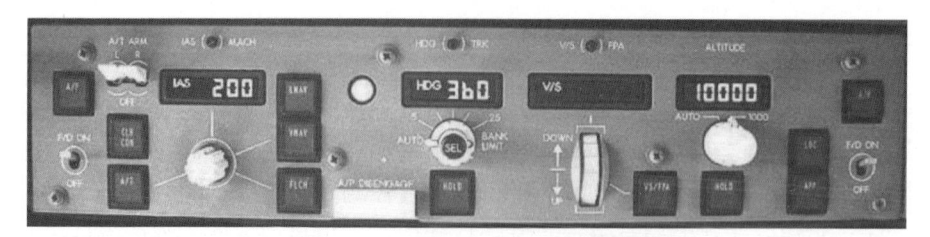

图 1.7　波音 777 的模式控制面板

图 1.8 展示了波音 777 的主飞行显示器，其中 SPD（速度保持）、LOC（航向保持）和 V/S（垂直速度保持）等模式有效。例如，在波音 747 中，当自动驾驶（A/P）接通一个或两个飞行指引（F/D）开关时，可以接通指令模式。起飞模式是仅限 F/D 的模式，而进近（APR）模式下的自动拉平是仅限双 A/P 的操作。

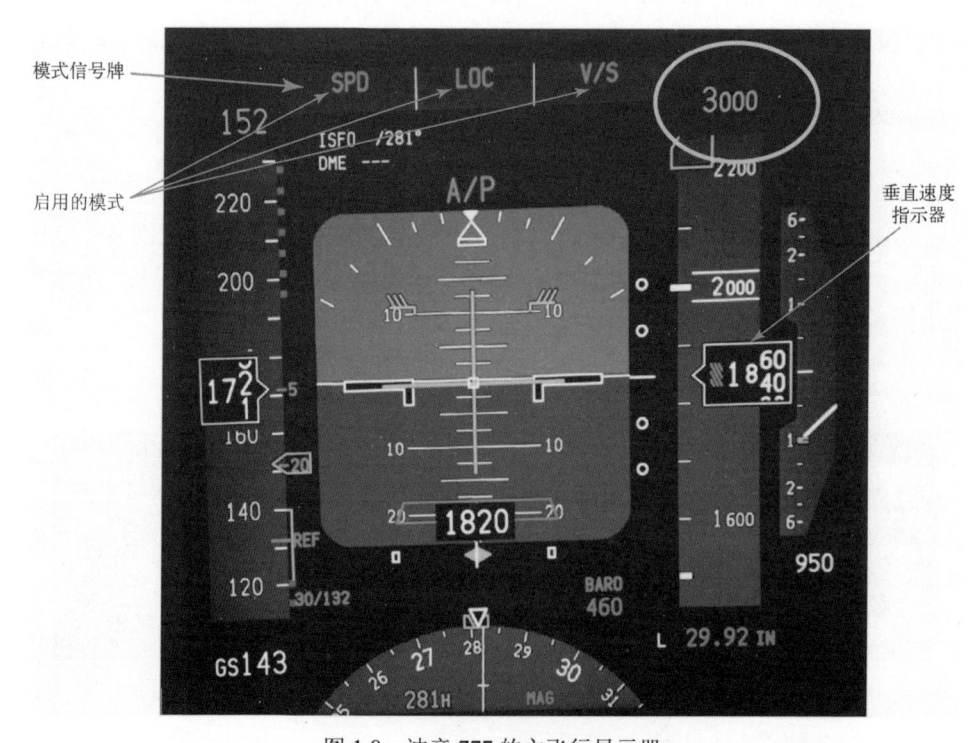

图 1.8　波音 777 的主飞行显示器

图 1.9 展示了 Garmin GFC 700 的面板。这个全数字双通道飞行控制系统具有巡航速度控制、飞行高度控制、偏航阻尼和自动配平等功能。GFC 700 模式选择器提供了用于航向和高度选择的专用旋钮，以及用于模式切换的按钮。这类自动飞行控制系统已在多型飞机上使用，包括通用航空飞机塞斯纳 350 和商务喷气机湾流 G700。

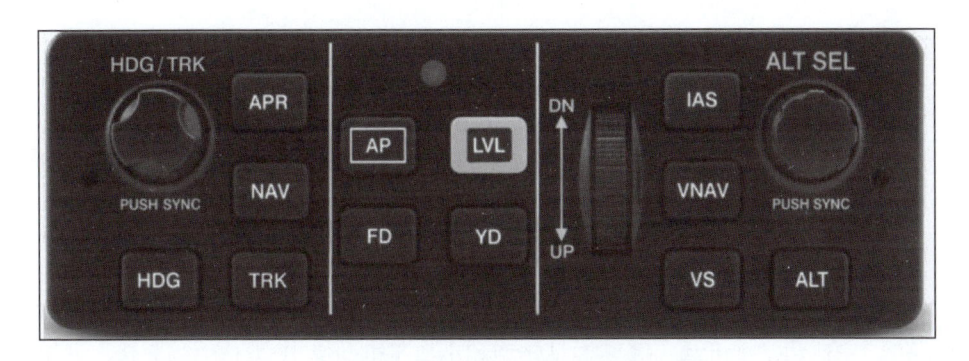

图 1.9　Garmin GFC 700 的面板

1.5　飞行品质

1.5.1　基本原理

在自动飞行控制系统的设计过程中，设计师必须考虑飞行品质规范要求。通过设计合适的控制器和补偿器，可以使飞机闭环瞬态响应表现出期望的模式，这些模式能够为飞行员提供可接受的飞行品质。在横向-航向运动中，荷兰滚模式应该具有快速且足够的阻尼特性，以便飞机遭遇横侧向干扰后能够迅速恢复平衡。在纵向运动中，沉浮模式和短周期模式都应稳定，以确保飞行稳定性。

本节内容旨在概述飞行品质的一般概念。在开发飞机平台系统进而制定飞行品质规范时，通常会参考一些典型的指导文件，如 MIL-F-8785、MIL-HDBK-1797、MILHDBK-516 和 ADS-33-PRF。这些文件提供了有关评估和设计飞行品质的详细信息。有人驾驶飞机的飞行品质要求（如杆力）可能并不直接适合无人机和自动驾驶仪系统的设计。但是，对于由地面站操作员远程控制的无人机，稳定性、可控性以及其他一些要求对设计有着重要影响。此外，为了在飞机平台和传感器/有效载荷子系统之间进行权衡，飞行品质规范需要提供足够的灵活性，以便根据特定的应用场景定制飞机平台的需求。

此外，当设计自动飞行控制系统时，必须特别注意自动驾驶的进入和断开方式，以避免产生危险的瞬态运动。自动飞行控制系统切换模式的过程也是处理飞行品质设计的另一个关注点。有人驾驶飞机和无人机飞行品质的主要差异与主飞行控制系统和次飞行控制系统、数据链路延迟、系统故障状态以及飞行显示需求有关。飞机的飞行品质与其控制面密切相关，主要体现在舵面面积、臂长和偏转角度上。通过分析、仿真和飞行测试，可以验证这些要求是否满足。

1.5.2 类别、分类和可接受水平

根据 MIL-F-8785C 和 MIL-STD-1797B 的规范，飞机在任务包线内应具备一级飞行品质，而在其他包线内应具备二级飞行品质。在这些规范中，较低层次的详细标准具体定义了一级、二级或三级飞行品质要求。一般来说，飞机类别和飞行阶段性能要求不同，所需达到的一级、二级或三级飞行品质标准也不同。

根据飞机大小、机动性和任务，有人驾驶飞机可以分为四类。飞行包线通常覆盖高度、空速和常规机动。第 I 类是轻型和小型飞机；第 II 类是中等质量、低至中机动性飞机；第 III 类是大型和重型飞机，如大型运输机；第 IV 类是高机动性飞机，如战斗机。

对无人机而言，这些类别应被替换为：I. 微型无人机；II. 迷你无人机；III. 小型无人机；IV. 中等质量无人机；V. 重型无人机；VI. 无人作战飞机（UCAV）。这些类别适用于固定翼无人机；对于四旋翼机，还要定义一个新的类别（第 VII 类）。

飞行阶段分为三类：A 类、B 类和 C 类。A 类包括需要精确/快速机动的飞行阶段，如空战或地形跟随。B 类包括非起降和无须精确机动的飞行阶段，如巡航和悬停。C 类包含最终飞行阶段，如起飞和着陆。无人机的飞行阶段也分为这三类。由于没有飞行员在机上，无人机的损失率比有人驾驶飞机的高是可以接受的。

无人机飞行模式应有新的规范：①通过视线远程控制；②通过显示器远程控制；③单模式自动驾驶（如高度保持模式）；④完全自主。由于自主性的不同，每个飞行模式都应该有独特的飞行品质规范。

1.6 习题

1. 自动飞行控制系统的主要子系统名称是什么？
2. 自动驾驶仪的主要功能是什么？
3. 闭环（负反馈）控制系统的四个主要功能是什么？
4. 自动飞行控制系统的两大主要目标是什么？
5. 简要描述飞行员与自动飞行控制系统之间的关系。
6. 当飞行员手动控制飞机时，自动飞行控制系统是否有活动模式？若有，提供一个示例模式。
7. 简要描述一个不可逆的控制系统。
8. 引导系统的首要功能是什么？
9. 导航系统的首要功能是什么？

10. 列出完整飞行的典型阶段。
11. 阐述自主水平。
12. 列出 11 级自主化水平的等级。
13. 阐述拉普拉斯变换。
14. 阐述传递函数。
15. 写出一个典型的二阶传递函数。
16. SISO 代表什么？
17. MIMO 代表什么？
18. 提供纯二阶动态系统的标准形式。
19. 传递函数的极点和零点是什么？
20. 动态建模是什么？
21. 简化非线性耦合动态模型的两种方法是什么？
22. 描述状态空间模型。
23. 飞机的主要空气动力是什么？
24. 飞机的主要空气动力矩是什么？
25. 列出飞机的各种动态模型类型。
26. 为固定翼飞机的纵向模式写出线性动态模型（状态空间）。
27. 为固定翼飞机的横向-航向模式写出线性动态模型（状态空间）。
28. 飞机动力学模型由什么组成？
29. 画出一架飞机，并在图中标注所有的空气动力和力矩。
30. 纵向运动和横向-航向运动解耦的输出是什么？
31. 简述单轴自动驾驶仪的特点。
32. 列出 MD-11 运输机自动飞行控制系统的重要模式。
33. 列出 AFC 的五个类别/功能。
34. 列出自动驾驶仪中至少三个增稳系统的名称。
35. 列出自动驾驶仪中至少四种纵向保持功能。
36. 列出自动驾驶仪中至少三种横向保持功能。
37. 列出自动驾驶仪中至少四种纵向导航功能。
38. 列出自动驾驶仪中至少三种控制增稳系统（CAS）。
39. 纵向运动和横向-航向运动解耦的输出是什么？
40. 列出远程运输机波音 777 中至少五种自动飞行控制系统模式。
41. 提供至少两个飞行品质参考。
42. 列出有人驾驶飞机的飞行品质等级。
43. 列出与飞行品质有关的 UAV 等级。
44. 列出与飞行品质有关的飞行阶段类别。

第 2 章
闭环控制系统

2.1 引言

自动飞行控制系统的关键子系统之一是控制系统。闭环（负反馈）控制系统通常能够实现四种主要功能：调节、跟踪、稳定和改善系统响应。闭环控制系统的作用是确保飞机按照既定的航迹、航向飞行，这是完成任务的必要功能。闭环控制系统利用机载传感器提供的飞机状态信息来操纵控制面作动器，其主要任务是控制飞机的运动方向或速度向量。

在恶劣且多变的天气条件下，飞机必须保持期望的航向和高度，以确保安全到达目的地。同时，尽管遭遇颠簸气流，飞行也应尽可能平稳，以减少载荷因子。然而，因为飞机拥有的六个自由度，使得本问题比控制仅在水面运动的船只更加复杂，进而增加了控制的难度。

在自动飞行控制系统的详细设计阶段，描述控制系统组件的功能要求是一项关键任务，它为确定系统完成任务所需的资源奠定了基础。这个功能可能需要通过设备、软件、设施、数据或这些元素的某种组合来实现。控制系统的设计必须满足客户或相关标准规定的机动性控制要求，确保系统能够按照预期进行控制和响应。

随着计算机技术的发展以及非线性系统中新数学理论的引入，我们看到在文献中越来越多地应用了先进控制系统设计技术，如鲁棒和非线性控制。本章介绍闭环控制系统的基本原理、飞行控制需求，以及几种流行的控制律。

2.2 控制系统的基本原理

自动飞行控制系统的基本结构是闭环系统，并且采用负反馈机制。本节探讨控制系统的基础知识，包括控制的概念、基本定义、主要组成部分以及通用设计方法。

2.2.1 定义和要素

自动飞行控制系统的核心特性是存在反馈回路，这有助于实现高性能。对于一种闭环系统（反馈控制系统），若未将输出与预期目标进行比较，则系统会处于开环状态。通常，需要向系统输入特定的信号，并且希望系统的一部分以预定的方式做出反应。系统实际响应与预期响应之间的差异会被检测到并反馈到输入端，以便调整输入，进而减小这种差异。

在自动飞行控制系统中，反馈控制系统的飞行控制器负责控制飞机的运动。系统通常接收两类信号：一类信号是由自动驾驶仪设定的期望航迹；另一类信号是飞机的水平位置（或姿态）。最终需要控制的是飞机的实际航向和位置。控制系统的输出即被控变量，指的是飞机的航向。

图 2.1 所示为一个基本的单输入单输出（SISO）闭环控制系统的框图。一个包含负反馈的最简单的线性闭环系统由一个输入变量和一个输出变量组成。闭环控制系统通常由四个基本组成部分构成：被控对象、控制器、作动器（或伺服机构）以及测量设备（或传感器）。一般情况下，输入和输出都随时间变化。控制系统可以采用机械、气动、液压或电气方式操作，也可以是这些动力源的任何组合。

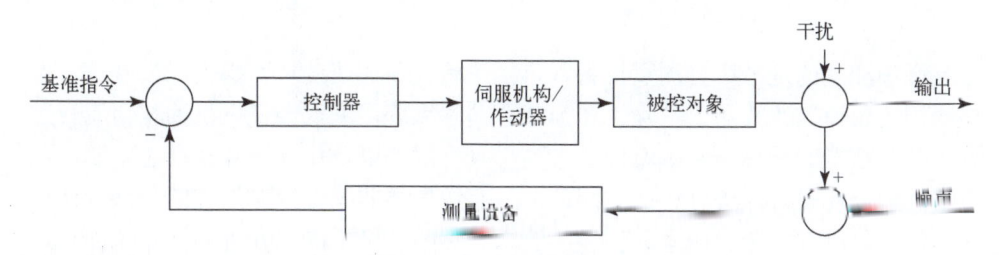

图 2.1 一个基本的单输入单输出（SISO）闭环控制系统的框图

众所周知，大气是一个动态系统，会在飞机的整个飞行过程中产生多种干扰。这些干扰（如突风）是不希望出现的信号，往往会影响被控变量。这些干扰可能以多种方式进入系统。

还应注意的是，所有的测量设备（包括陀螺仪和加速度计）都会产生一些噪声，这些噪声需要被滤除。噪声是不希望出现的信号（如发动机振动），它可能影响测量结果。因此，通常会使用滤波器来减少或消除这些噪声，进而提高测量数据的准确性。

根据定义，噪声是系统内任何非期望的信号，而不论它是自然生成的还是人为造成的。系统噪声的主要组成部分包括宽带噪声、$1/f$ 噪声和干扰。宽带噪声由热噪声、散粒噪声和分区噪声组成。人为产生的噪声可通过恰当的电路设计、屏蔽和接地技术来降低。自然过程中存在的 $1/f$ 噪声反映了微小变化的综合效应。由于各种原因，不同的测量设备会产生不同的噪声。

一般来说，可以通过低通滤波器从加速度计中滤除噪声。白噪声的特点是所有频率的噪声功率大致相等，这在无线电频谱中尤其明显。为了在有噪声的情况下估计感兴趣的信号或系统的状态，**通常需要使用滤波器**。当应用控制律时，主要有两种模式：模拟控制和数字控制。

真实的飞机特性表现出非线性和不确定性。飞机是一个典型的非线性复杂系统，其动态特性和运动方程同样是非线性的。本节探讨一些常见的非线性系统现象。这些现象随后将被应用于无人机自动驾驶仪的设计。至少包含一个非线性分量的系统被称为非线性系统（Nonlinear System）。非线性通常分为两种类型：连续非线性和非连续非线性。非连续非线性包括库仑摩擦、饱和、死区、回弹和滞后。此外，非线性还可分为固有（自然）或故意引入（人工）的类型。

必须注意的是，所有测量设备（包括陀螺仪和加速度计）都会产生噪声，这些噪声需要通过滤波器来消除。作为一个动态系统，大气会在飞机的整个飞行过程中产生众多的干扰。由于燃油成本高昂且有限，以及作动器存在动态限制，在控制系统设计中必须进行优化。因此，只有像鲁棒非线性控制这样的少数设计技术能够满足所有安全、成本和性能的要求。然而，出于成本和复杂性的考虑，许多无人机设计师倾向于采用更传统的控制结构。常用的两种传统控制设计工具/技术是根轨迹法和频域方法，详细信息请参阅参考文献[38]和[39]。

2.2.2 控制律

控制器是基于控制律设计的。典型的控制律包括线性控制律、非线性控制律、最优控制律、自适应控制律以及鲁棒控制律。动态系统及其不同控制系统设计技术的总结如图 2.2 所示。实现控制律的方法主要有两种：模拟控制和数字控制。

根据根轨迹法设计控制系统时，需要确定控制器的增益值，以确保所有极点都在目标区域内，并且满足所有设计要求。目标区域是通过应用所有设计要求（如上升时间、稳定时间、最大超调、自然频率和阻尼比）来构建的。在开环传递函数中添加一个极点的效果是，将根轨迹向右拉，倾向于降低系统的相对稳定性并减慢响应的稳定速度。添加一个零点会产生相反的效果。

在实际应用中，根轨迹法可能出现仅通过调整增益无法实现所需性能的情况。此外，在某些情况下，我们可能发现系统对所有可能的增益值都不稳定。这表明简单的增益调节不能解决所有问题，而需要设计更复杂、更高级的控制器。在根轨迹法中，确定补偿器的极点和零点涉及一系列计算。该方法的一个主要目标是确保闭环系统的主导极点位于 s 平面内的预期位置，进而满足性能要求。MATLAB 提供了 rlocus 命令来绘制根轨迹，而 sisotool 命令则用于创建根轨迹以及系统的时域响应。

2.2.3 控制器的配置和控制架构

控制系统补偿中有六种基本的控制器配置：①串联或级联补偿；②反馈补偿；③状态反馈控制；④串联反馈补偿（两自由度）；⑤带串联补偿的前馈补偿；⑥前馈补偿。每种配置都有其特定的适用情况，并且具有独特的特点，包括成本、复杂性、性能和有效性。

例如，两自由度控制器的一个应用场景是基于时标分离（Time-scale Separation），将飞行状态变量分为两组：慢状态和快状态。在这种方法中，控制的动态特性被划分为快速变化部分和慢速变化部分。在飞行器动力学中，控制技术［如线性二次型调节器（Linear Quadratic Regulator，LQR）］会将问题转换为一个双时间尺度的控制问题。通过假设快状态和慢状态之间存在显著的频率差异，可分别估计这两个时间尺度。慢状态和快状态的数量取决于控制面的数量。假设存在三个控制面（副翼、升降舵和方向舵），那么滚转角速度（p）、航向速度（q）和俯仰角速度（r）可被定义为快动态变量，并且由这三个控制面输入进行控制。

迎角（α）、侧滑角（β）和滚转角（φ）被定义为慢动态变量。速度、俯仰角和航向被定义为非常慢动态变量。与快动态变量和慢动态变量相比，非常慢动态变量是几乎不随时间变化的。

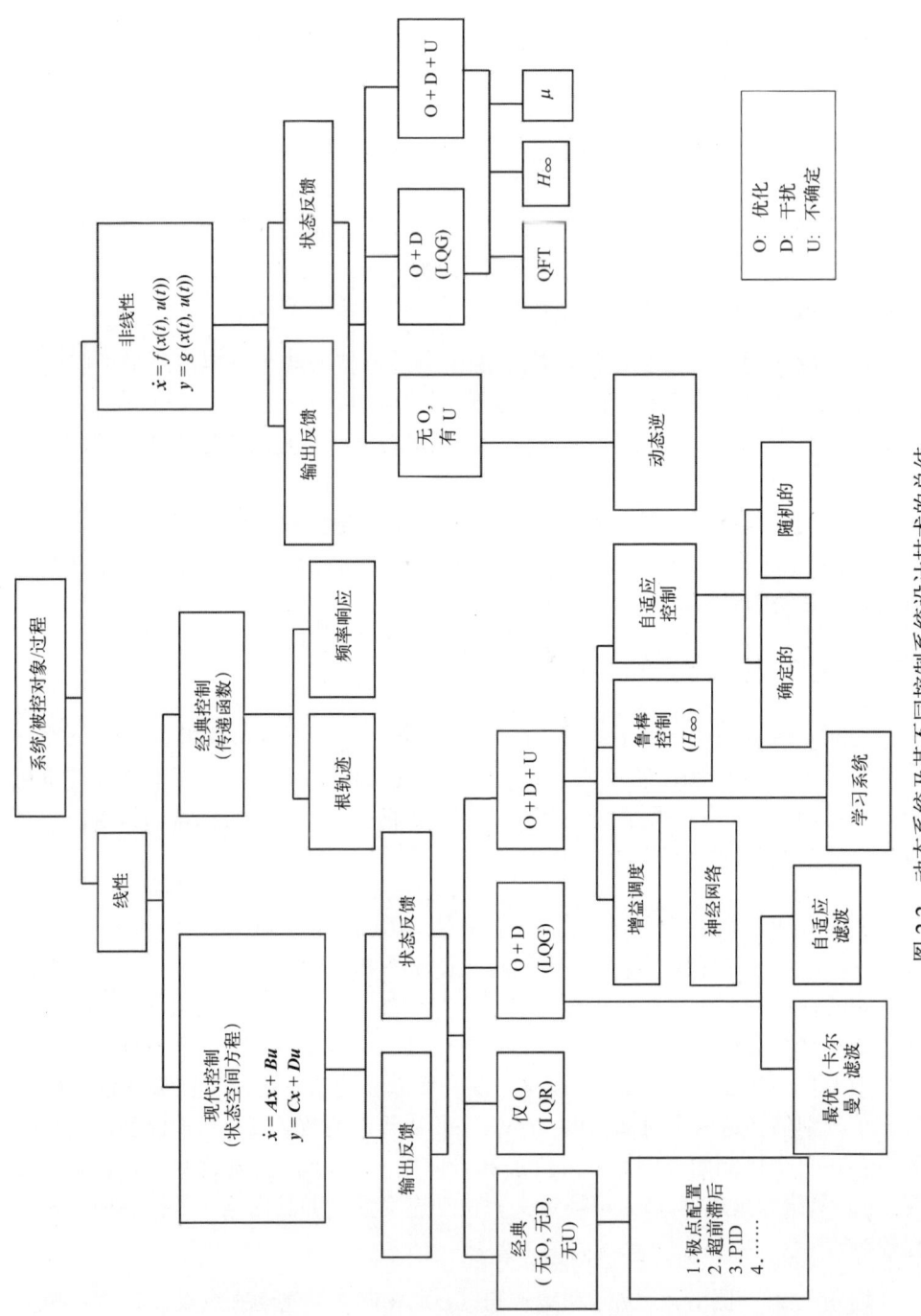

图 2.2 动态系统及其不同控制系统设计技术的总结

2.2.4 飞行控制模式

安全飞行的两个关键要素是稳定性和操纵性。控制系统不仅要能够操控无人机，有时还需提供或增强飞机的稳定性。飞行稳定性是指飞机受到干扰时抵抗扰动并返回到原始平衡状态的自然特性。当沿着每个三轴的所有力之和为零且围绕每个三轴的所有力矩之和也为零时，飞机被认为处于平衡状态。在这种情况下，飞机将保持恒定的线速度和/或恒定的角速度。

控制是调整飞机飞行状态，使其从初始平衡点移动到最终或新平衡点的过程。这个过程由自动驾驶系统移动控制面或调整发动机油门来实现。所期望的变化通常使用从初始平衡点到最终平衡点所需的时间来表示，例如俯仰角速度（q）和滚转角速度（p）。

飞机能够执行各种机动和运动，运动的控制大致分为三个类别：纵向控制、横向控制和航向控制。在大多数飞机中，纵向控制不会影响横向控制和航向控制。然而，横向控制和航向控制通常是耦合的：任何横向运动往往都引起航向运动，任何航向运动也往往产生横向运动。这些运动的定义如下。

1. **纵向控制 (Longitudinal Control)**：任何在 xz 平面上的旋转运动控制都被称为纵向控制（如绕 y 轴的俯仰、俯冲、爬升、巡航、拉升和下降）。升力、阻力和俯仰力矩的任何变化都会对这种运动产生较大的影响。俯仰控制被视为纵向控制。两个主要的纵向控制输入是升降舵（δ_E）和发动机油门（δ_T）。

2. **横向控制 (Lateral Control)**：围绕 x 轴的转动控制被称为横向控制（如绕 x 轴的滚转）。机翼升力分布和滚转力矩的任何变化都会对这种运动产生较大的影响。滚转控制被视为横向控制。主要的横向控制输入是副翼偏转（δ_A）。然而，方向舵偏转（δ_R）也对这种运动有间接影响。

3. **航向控制 (Directional Control)**：围绕 z 轴的旋转运动控制以及任何沿 y 轴的运动都被称为航向控制（如绕 z 轴的偏航、侧滑）。侧向力和偏航力矩的任何变化都会对这种控制产生较大的影响。偏航控制被视为航向控制。水平转弯是横向运动和航向运动的组合。主要的航向控制输入是方向舵偏转（δ_R）。然而，副翼偏转（δ_A）也对这种运动有间接影响。

在传统的飞机设计中，三个主要控制面（升降舵、方向舵和副翼）用于操控飞机的三维姿态。纵向控制（在 xz 平面上）由升降舵完成，航向控制（在

xy 平面上)由方向舵完成,横向运动(滚转)由副翼完成。因此,控制系统与控制面之间存在着直接的联系。图 2.3 所示为横向控制、纵向控制和航向控制的关系。飞机有六个自由度:沿 x, y 和 z 的三个线性运动,以及绕 x, y 和 z 的三个角运动。在实际飞行中,通常有六个输出,例如三个线速度(u, v, w)和三个角速度(p, q, r)。

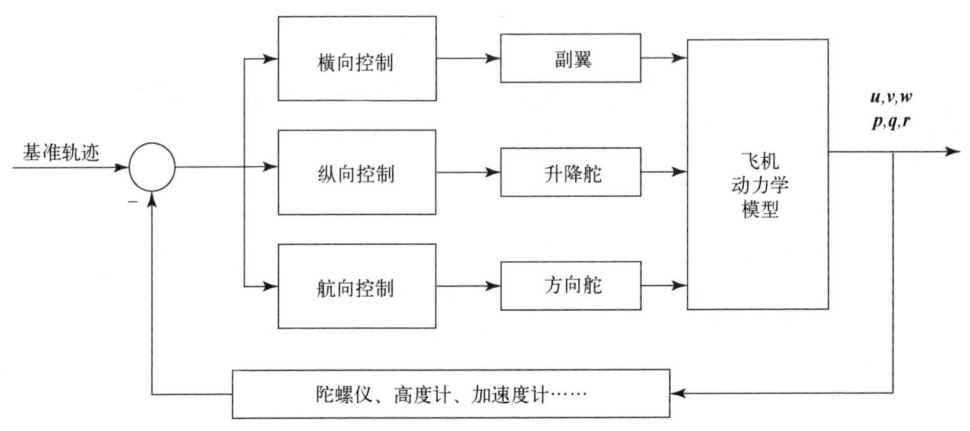

图 2.3 横向控制、纵向控制和航向控制的关系

飞行控制面的设计核心在于正确地布置这些面,以便主要产生力矩。它们提供了三种转动:滚转、俯仰和偏航。对这种经典布局的调整会导致控制面布置方式的一些变化。

2.2.5 传感器

飞行状态变量[如空速、俯仰角、航向角、滚转角、线性加速度(法向、横向和纵向)、角速度(俯仰、滚转和偏航)、高度和位置]的测量依赖于各种传感器。这些传感器收集的数据将被记录并可能存储在数据存储元件中,以便用户能够实时或离线访问。为了将这些飞行数据(u,v 或 β,w 或 α,p,q,r,以及它们的时间导数)用于自动控制,它们首先需要被传感器检测和采集。本节讨论一些常用的传感器及其在飞行控制中的应用。

如果存在测控数据系统接口,那么地面站的工作人员可以实时访问数据。典型的测量设备(传感器)包括:①姿态陀螺仪;②速率陀螺仪;③空速管;④高度计;⑤磁力计;⑥指南针;⑦加速度计;⑧GPS;⑨气流迎角传感器;⑩空速传感器。

一些飞行设备利用陀螺仪的特性进行操作。最常见的设备包括转弯协调器、航向角指示器、姿态指示器和角速度指示器。陀螺仪的两个核心特性是惯性空间稳定和进动。惯性空间稳定是指陀螺仪在旋转平面内保持其原始位置的能力，进动是指陀螺仪对所施加外力的反应，这种反应并不直接作用于施力点，而作用于与旋转方向垂直的位置。利用这一原理，陀螺仪能够通过感知由方向变化引起的力来测量角速率。

航向陀螺仪用于指示飞机的航向，而垂直陀螺仪则用于指示飞机的俯仰角。在飞行控制中，垂直陀螺仪用于测量滚转角，而航向陀螺仪则用作航向参考。航向陀螺仪作为误差测量设备，用于确定飞机的航向和姿态（水平位置）误差。使用两个陀螺仪可以精确控制飞机航向和姿态。速率陀螺仪的响应时间常数约为几秒，即其响应存在一定的滞后。速率陀螺仪的典型灵敏度约为 $1V/(°/s)$，这使得它能够准确感知飞机姿态的变化。

陀螺仪中出现的误差（转子和外壳之间的角位移）可以使用各种方法转换为电压，包括使用转换器，例如电位计。在控制系统中，可通过速率反馈来增强飞机的稳定性。这意味着除了飞机位置的主反馈信号，还会引入一个与飞机围绕垂直轴旋转的角速度成比例的信号，以提升响应的稳定性。速率陀螺仪被用来提供这个信号，进而辅助控制系统对飞机的姿态进行精确调整。

空速管用于检测空气动力学参数，例如马赫数和动态压力。大气数据需要通过导航系统以及一个预先存储的大气数学模型来获取。

通常情况下，与迎角传感器相比，加速度计在控制飞机纵向运动时具有更低的噪声和更高的可靠性。加速度计作为内部传感器（安装在机身内），其可靠性优于外部迎角传感器，且噪声水平更低。

传统的陀螺仪是由旋转的转子制成的，但随着微机电系统（Micro ElectroMechanical System，MEMS）的发展，出现了一系列新的高效传感器。MEMS 传感器以其低成本、轻巧的特性，在从压力和温度到加速度和姿态测量的各种应用中显示出明显的优势。这些传感器结合了电子电路的高精度和小尺寸机械系统的高负载能力。例如，MEMS 陀螺仪（一种没有旋转轮的新型微型陀螺仪）通过测量两个在相反方向振荡和移动的相同质量上的力的变化来工作。此外，MEMS 磁场传感器是一种用于检测和测量磁场的微小传感器。Garmin GFC 700 自动飞行控制系统采用了基于 MEMS 的姿态和航向参考系统（Attitude and Heading Reference System，AHRS）数据。

2.3 作动器

2.3.1 术语

每个自动驾驶系统都包含一系列机电设备,称为作动器(Servos)(舵机),用于带动飞机控制面。作动器是飞行控制系统中的重要部件,用于偏转(推动和拉动)控制面(如升降舵)。下面简要回顾不同学科中使用的相关术语。作动器是一种旋转/线性作动器,允许精确控制角/线性位置、速度和加速度。电机作为作动器,将电信号转换为运动。作动器一词主要出现在电气工程领域[也称伺服电机(Servomotor)]和无线电/遥控飞机模型领域。光学部件通常用于伺服系统中,以检测位置并控制功率驱动器和传感器(如雷达)的运动。

当电机与位置反馈传感器相结合时,常用伺服电机一词。伺服机械是一种反馈控制系统,其中被控变量可以是机械位置、速度、扭矩或频率等。伺服机械由电机、机械连杆和微控制器组成。作动器是一种机械/液压装置,用于将机械运动(通常是旋转)转换为线性运动。在航空航天工程领域,作动器一词最为常见。

作动器执行来自微控制器/自动驾驶系统的指令信号,以偏转控制面。作动器的动力可以来自电动、机械、液压或气动。对于从小型到中型的无人机(包括四旋翼机),通常使用电机。对于大型和重型飞机及无人机(如全球鹰),液压作动器更有效。表 2.1 所示为液压作动器和伺服电机的性能比较。

表 2.1 液压作动器和伺服电机的性能比较

序号	作动器类型	伺服电机	液压作动器
1	动力源	电力	液压
2	运动	旋转	直线
3	典型实物		
4	输出	力矩	力
5	力	力矩范围:0.1~100N·m	力范围:10~1000N
6	整体质量	较小	较大
7	介质	电线	管道
8	信号	电	油
9	维护	频率较高	频率较低

小型作动器分为两类：模拟（频率为 50Hz）和数字（频率为 100Hz）。数字作动器的外观与模拟作动器（电机、齿轮和电位器）的相同，但内部有微处理器。数字作动器响应快、超调小。数字作动器的价格虽然更高，但更精确，且速度更快，因此要消耗更多的电能。小型作动器适用于各种输出扭矩。

2.3.2 电机

电机是用于偏转飞机控制面的一种机电设备。电机是利用电能产生机械旋转运动的机电设备，可由直流电（如电池）或交流电供电。电机可按电源类型、内部构造和应用进行分类。电机的两个主要部分是转子线圈和磁体。设计良好的电机可将 90%以上的输入能量转换为有用的功率。

伺服电机由电机和传感器组成，传感器用于测量位置/速度，以便构建反馈控制系统。伺服电机的控制输入是一个指令信号，代表输出轴的位置。最简单的伺服电机通过电位计，仅使用位置传感进行控制，并且采用继电器控制电机。更精确的伺服电机使用光学旋转编码器来测量输出轴的角速度，以便更精确地控制电机的速度。

电机主要有四种类型：无刷直流（DC）电机、有刷直流电机、无刷交流（AC）电机和感应交流电机。最简单的是有刷直流电机，它有一个永磁体，成本较低。无刷直流电机是同步电机，适合小型工业应用，通常采用电子换向。无刷直流电机使用电子换向系统，而不使用机械换向器和刷子。在无刷直流电机中，电流与扭矩之间、电压与转速之间存在线性关系。交流电机用于大型飞机，而直流电机用于小型飞机和四旋翼机。

伺服电机也称智能电机（Smart Motor），是将电机、机电传感器和控制器组合在一起的单元。步进电机具有一些控制位置的固有能力，而伺服电机通常作为步进电机的高性能替代品。伺服电机与步进电机的主要区别在于反馈。因此，伺服电机是闭环控制系统，而步进电机则是开环系统。

2.3.3 液压作动器

液压作动器是用于偏转控制面的作动器，是将液压动力转换为有用机械（通常为线性）运动的装置。这种作动器使用液压作为机械力来带动控制面。它由两个基本机构组成：控制装置（可变节流阀、闸门或阀门）和执行装置（如作动器）。在液压作动器中，工作流体（油）从压力管线进入控制系统，通过恒定节流阀后，输送到可变节流阀和控制腔。

电气输入信号通过机电转换装置控制滑阀的位置。滑阀位移改变压力流体所通过开口的横截面比例。同时，控制腔的压力也发生变化，导致滑阀位移。

与其他类型的功率放大器相比，液压作动器具有质量功率比较低（通常不超过 50g/kW）的优势。液压作动器的功率放大倍数很高（约为 100000）。带有负载反馈的液压作动器可以显著改善动态特性，并且可以提高液压控制系统的效率。

与其他线性作动器相比，液压作动器的可靠性较高，但是成本也较高。

2.3.4 延迟

我们可用传递函数或状态空间模型来表示由物理限制导致的作动器延迟（滞后）。对于常规的飞机控制面作动器（如副翼舵机），可以使用一个形如下式的一阶传递函数（滞后）：

$$G_A(s) = \frac{K}{s+K} \tag{2.1}$$

式中，K 是作动器的时间常数 τ 的倒数，即

$$\tau = \frac{1}{K} \tag{2.2}$$

飞机控制面作动器的时间常数通常为 0.02~0.1s，因此 K 值通常为 10~50。时间常数定义为元素响应达到稳态值的 63%所需的时间。时间常数越小，作动器的响应就越快（越理想）。一阶模型也可能代表大多数四旋翼机所用电机的动态性质。在频域中，常数 K 表示截止频率，截止频率越高，作动器的成本就越高。

在状态空间表示中，表示延迟的传递函数［见式（2.1）］可以转换为

$$\begin{aligned} \dot{x} &= -Kx + Ku \\ y &= x \end{aligned} \tag{2.3}$$

这两个模型都可以在控制系统的设计和仿真中使用。

2.3.5 饱和

所有控制面都有一个最大偏转限制（约为±30°）。为了防止控制面（如副翼）超过所需的限制，设置了物理止动器（限位器）。例如，副翼的止动器只是

一块铆接在副翼铰链支架上的铝条。这种硬止动器在 MATLAB/Simulink 中使用饱和模块建模。因此，控制面及其作动器用一个一阶系统［见式（2.1）］加一个限位器来建模（见图2.4）。因此，我们需要限制进入作动器的信号。

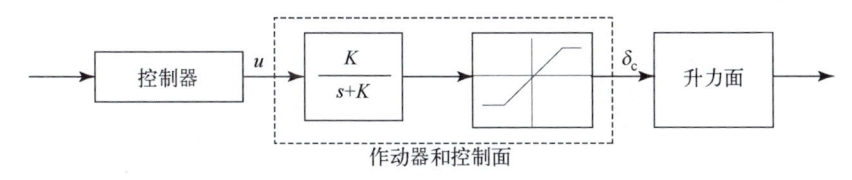

图 2.4　控制面作动器的示意图

2.4　飞行控制的要求

飞行控制主要有三个要求：①纵向控制要求；②横向/滚转控制要求；③方向控制要求。本节介绍这些要求。飞行控制系统必须满足这些要求。飞机运动模式描述和分析表明，自动飞行控制系统可分为不同的类别，一些类别主要涉及旋转自由度，而另一些类别则涉及平移自由度。

2.4.1　纵向控制要求

飞机必须纵向可控，并在任务飞行包线内具有机动性。在传统飞机中，纵向控制主要通过升降舵偏转（δ_E）和发动机油门设置值（δ_T）来实现。飞机纵向可控性的要求可分为两组：①所需作动器的力（在直线舵机中）或扭矩（在伺服电机中）；②飞机对控制面偏转输入的响应。为了偏转升降舵，飞行员必须对驾驶杆/舵/轮施加力并保持（在带有固定杆的控制系统中）。在带有助力的控制系统的飞机中，飞行员施加的力通过调整片和弹簧等设备放大。

纵向控制的飞机响应常以俯仰角速率（q）表示，前向速度和迎角会同时发生变化。俯仰控制最关键的飞行条件是起飞和降落。出于安全考虑，起飞控制比降落控制更难。起飞操作通常分为三个阶段：①地面阶段；②抬头或过渡阶段；③爬升阶段。在起飞过程中，纵向控制主要在起飞阶段应用，这时飞机通过主起落架旋转来抬起机头。

控制面必须设计得当，以确保飞机在任何任务飞行包线内部都具有可接受的飞行品质。任务飞行包线定义速度、高度和载荷因子等边界，飞机必须在这些边界内完成任务。图2.5所示为一架大型飞机的典型任务飞行包线。

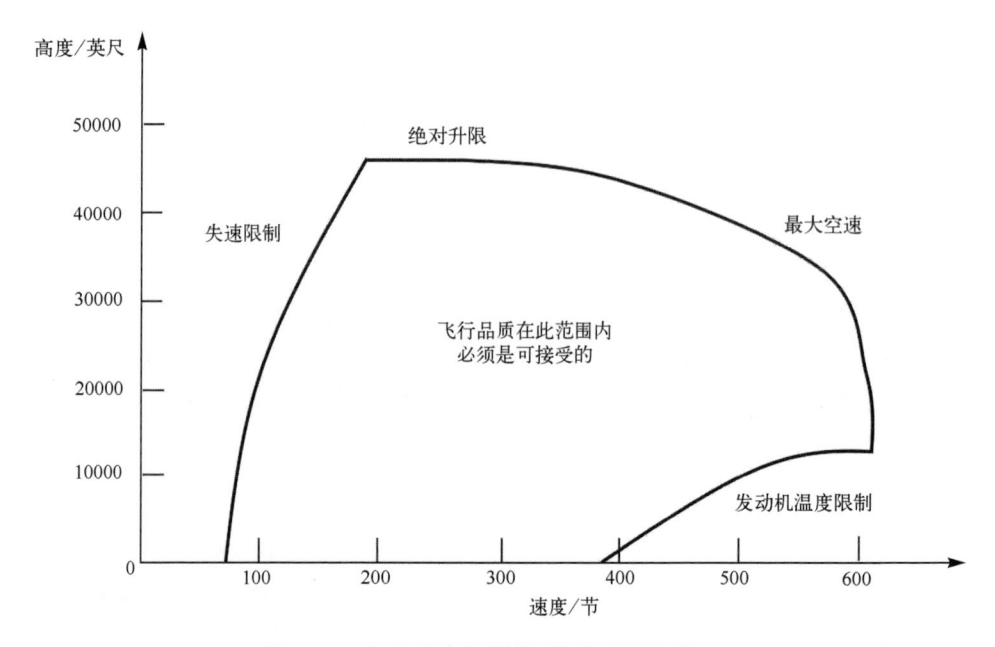

图 2.5 一架大型飞机的典型任务飞行包线

2.4.2 滚转控制要求

滚转或横向控制需求规定了飞机对副翼偏转的响应,因此在副翼设计中会采用这些要求。通常以副翼偏转导致的滚转角变化来指定滚转功率,即在给定时间内对滚转指令的阶跃函数响应中实现的滚转角变化。因此,飞机必须显示给定时间内响应副翼偏转的最小滚转角。所需的滚转角和时间在表中给出,适用于各种飞机类别和不同的飞行阶段[9, 10]。

在给定时间(t)内,滚转性能用滚转角变化($\Delta\phi$)表示,表中(见参考文献[9])对 I~IV 类飞机做了规定。注释"在 1.3s 内 60°"表示从副翼完全偏转后初始滚转角(如 0°)达到一个与初始角相差 60°的滚转角所需的最大时间。这也可解释为从初始滚转角达到一个特定角度所需的最大时间。对于 IV 类飞机的第 1 级,偏航控制应该是不受限制的。对于其他飞机和等级,允许使用偏航控制来减小侧滑,因为侧滑往往会使滚转速率减小。这种偏航控制不允许侧滑,否则会增大滚转速率。

2.4.3 航向控制要求

在传统飞机中,航向控制通常仅通过控制面(如方向舵)在所有空速下保持航向。在多数情况下，航向控制需要在特定的限制和约束条件下实现，以使飞行员能够平衡偏航力矩，并且控制偏航和侧滑。脚蹬的敏感性应足够高，以满足在不施加过高踏板力的情况下满足航向控制和力需求，实现协调转弯。设计时还应防止偶尔的不协调控制输入严重恶化飞行品质。

在多发动机飞机中，当飞行速度超过 1.4 倍失速速度时，如果某台发动机的推力出现不对称的损失，而其他发动机正常产生额定推力，那么通过脚蹬控制方向舵，飞机可在稳定的直线飞行中保持航向平衡。在飞机航向配平状态下，若保持对称推力，则水平直线飞行所需的配平设置应保持不变。当飞机处于航向性配平状态时，由螺旋桨驱动的飞机的配平变化应使得水平直线飞行在速度范围内保持不变，这个速度范围是最大配平速度的±30%或等效空速±100kn，以两者中的较小者为准（除非受任务飞行包线的边界限制），使用航向控制装置（方向舵）。当单发动机失效（不对称推力）时，应有可能在整个任务飞行包线内使得航向控制装置（如方向舵）不超过作动器的最大力，不重新配平即可保持直线飞行路径。

2.5 控制律

由于飞行动力学的非线性和不确定性，各种先进的控制技术（如神经网络、模糊逻辑、滑模控制、鲁棒控制和学习系统）已用于自动飞行控制系统设计，以实现理想的飞行性能。本节简要介绍五种控制律。

2.5.1 PID 控制

PID 控制是广泛用于工业过程控制的一种控制形式，其控制器包含三个参量，也称比例-积分-微分（Proportional-Integral-Derivative，PID）控制器。在这个控制器中，对误差信号进行了三种操作：①成比例放大（P）；②积分（I）；③微分（D）。因此，时域中的控制信号 $u(t)$ 为

$$u(t) = K_P(e(t)) + K_I \int e(t) \mathrm{d}t + K_D \frac{\mathrm{d}e(t)}{\mathrm{d}t} \tag{2.4}$$

于是，控制器包含三部分：比例、积分和微分。在 s 域中，该控制器的传递函数为

$$G_c(s) = K_P + \frac{K_I}{s} + K_D s \tag{2.5}$$

使用适当的 PID 增益，可以纠正各种性能缺陷。这种控制器有效、成本低、易

于应用，因此甚至被用于飞机自动驾驶。参考文献[38]和[39]中给出了确定 PID 增益的方法。

2.5.2 最优控制

最优控制[40]基于对某些特定性能准则或性能指标 J 的优化。在这种技术中，不考虑干扰、噪声或不确定性。用状态变量表示的控制系统的性能可以表示为

$$J = \int_0^{t_f} g(\boldsymbol{x}, \boldsymbol{u}, t) \mathrm{d}t \tag{2.6}$$

我们关注的是最小化系统的误差；任何偏离平衡点的偏差都被视为误差。为了实现这一目标，定义了一个误差平方的性能指标，以包括任何正偏差或负偏差。对有一个状态变量 x_1 的系统，有

$$J = \int_0^{t_f} [x_1(t)]^2 \mathrm{d}t \tag{2.7}$$

采用状态空间的形式，可以定义最优化控制的形式。线性二次调节器（Linear Quadratic Regulator，LQR）最优控制器可以简单地定义为

$$\begin{aligned} \dot{\boldsymbol{x}} &= \boldsymbol{A}\boldsymbol{x} + \boldsymbol{b}\boldsymbol{u} \\ \boldsymbol{y} &= \boldsymbol{C}\boldsymbol{x} + \boldsymbol{d}\boldsymbol{u} \\ \boldsymbol{x}(0) &= \boldsymbol{x}_0 \end{aligned} \tag{2.8}$$

给定权重矩阵 $\boldsymbol{Q}$ 和 $\boldsymbol{R}$，设计任务是找到最优控制信号 $\boldsymbol{u}$，使得二次效用函数最小化：

$$J = \frac{1}{2} \int_0^\infty (\boldsymbol{x}^\mathrm{T} \boldsymbol{Q} \boldsymbol{x} + \boldsymbol{u}^\mathrm{T} \boldsymbol{R} \boldsymbol{u}) \mathrm{d}t \tag{2.9}$$

该问题的解为

$$\boldsymbol{u} = -\boldsymbol{K}\boldsymbol{x} \tag{2.10}$$

式中，

$$\boldsymbol{K} = \boldsymbol{R}^{-1} \boldsymbol{B}^\mathrm{T} \boldsymbol{P} \tag{2.11}$$

$\boldsymbol{P}$ 是代数黎卡提方程（Algebraic Riccati Equation，ARE）的唯一半正定解：

$$\boldsymbol{P}\boldsymbol{A} + \boldsymbol{A}^\mathrm{T}\boldsymbol{P} + \boldsymbol{Q} - \boldsymbol{P}\boldsymbol{B}\boldsymbol{R}^{-1}\boldsymbol{B}^\mathrm{T}\boldsymbol{P} = 0 \tag{2.12}$$

式中，矩阵 $\boldsymbol{Q}$ 和 $\boldsymbol{R}$ 分别对应状态变量和输入变量的权重，它们的确定基于效用函数。当选择 $\boldsymbol{Q}$ 和 $\boldsymbol{R}$ 时，需要运用工程经验。建议在确定设计参数时使用调谐技术。例如，$\boldsymbol{Q}$ 和 $\boldsymbol{R}$ 必须满足可检测性和可观测性要求。LQR 是一种流行的最优控制技术，已成功应用于控制多种飞机配置。

2.5.3 可变增益

对于时变动态模型，有效的控制策略是可变增益，其中增益按照时间函数调整。对飞机而言，几种典型的情况包括：

（1）当燃油迅速燃烧时，质量和重心会随时间变化。
（2）当飞行马赫数发生显著变化时，气动模型也随时间变化。
（3）当飞行高度发生变化时，发动机的功率/推力显著随时间变化。
（4）稳定性和控制导数是随空速、高度和重心变化的函数。

对于每种情况，必须确定唯一的增益，这时可以使用 PID、LQR 或其他合适的控制技术。增益是根据时间、高度或马赫数等参数进行调整的。为了实现这一目标，必须在期望任务飞行包线内的多个平衡飞行条件下对非线性微分方程线性化，以获得各种线性模型。

如果使用状态空间表示，那么可以获得唯一的 A、B、C 和 D 矩阵。例如，如果使用 LQR 进行控制器设计，那么将运行软件，以确定每个 A、B、C 和 D 矩阵集的最优增益。可变增益中一个点的最优增益可作为算法中下一个点的初始稳定增益。

2.5.4 鲁棒控制

鲁棒控制是基于模型的设计方法，可用于处理参数不确定性和未建模动态。线性鲁棒控制技术（称为 H_1）可以应用于任何线性系统，无论是雅可比线性化还是反馈线性化。这种方法考虑了干扰、噪声和不确定性 ΔG（见图 2.6）。此外，还采用优化技术来最小化误差传递函数的无穷范数。

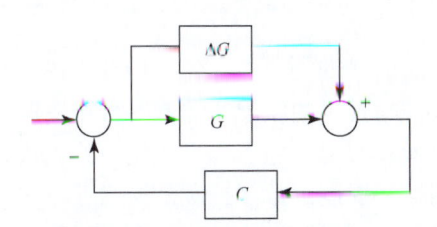

图 2.6 带有扰动的闭环系统

考虑一个由状态空间方程描述的系统：

$$\dot{x} = Ax + B_1 w + B_2 u$$
$$z = C_1 x + D_{12} u \quad (2.13)$$
$$y = C_2 x + D_{21} w$$

目标是设计反馈控制 $u = K(s)y$，对给定的正数 γ，满足 $\|T_{zw}(s)\|_\infty < \gamma$。注意，$\gamma$ 是未建模不确定性的最大奇异值的函数（实际上，$\bar{\sigma}[\|\Delta G\|_\infty] = 1/\gamma$）。控制器（解决方案）由传递函数给出[39]：

$$K(s) = -F(sI - \hat{A})^{-1} ZL \quad (2.14)$$

式中，

$$\hat{A} = A + \frac{1}{\gamma^2} B_1 B_1^T X + B_2 F + ZLC_2 \quad (2.15)$$

$$F = -B_2^T X, \quad L = -YC_2^T, \quad Z = (I - \frac{1}{\gamma^2} YX)^{-1} \quad (2.16)$$

其中 X 和 Y 是代数黎卡提方程的解。从干扰 w 到输出 z 的闭环传递函数矩阵 $T_{zw}(s)$ 由下式给出：

$$T_{zw}(s) = G_{11} + G_{12} K (I - G_{22} K)^{-1} G_{21} \quad (2.17)$$

式中，

$$G(s) = \begin{bmatrix} 0 & D_{12} \\ D_{21} & 0 \end{bmatrix} + \begin{bmatrix} C_1 \\ C_2 \end{bmatrix} (sI - A)^{-1} (B_1, B_2) = \begin{bmatrix} G_{11} & G_{12} \\ G_{21} & G_{22} \end{bmatrix} \quad (2.18)$$

鲁棒控制器可以处理不确定性、干扰和噪声。这种控制器在飞机执行一系列机动时展现了良好的跟踪性能。

2.5.5 数字控制

在自动飞行控制系统的早期历史中，包括控制器在内的所有机载电子设备都是模拟式的。随着微处理器技术的发展，控制器变得快速、灵活、轻巧且价格低廉，控制律可以以数字形式实现。随着 20 世纪 70 年代计算机和微处理器的引入，现代飞机开始利用数字控制。数字控制是控制理论的一个分支，它使用计算机/微控制器作为控制器。在数字控制中，计算机负责控制算法的分析和实现。数字控制系统也可能使用微控制器作为特定应用的集成电路。由于数字设备只能接收数字信号，需要采样器（一种开关）来对连续信号采样。采样值以 0 和 1 的形式表示。

数字控制系统通常包括三个主要部分：①模数转换器（A/D），用于将模拟输入转换为计算机可以处理的数字格式；②数模转换器（D/A），用于将数字输出转换为可以作为系统的输入的格式；③计算机、微控制器或可编程逻辑控制器形式的数字控制器，这些控制器通过计算机中的软件实现。

数字控制系统的示意图如图2.7所示，其中 z 是 Z 变换变量。

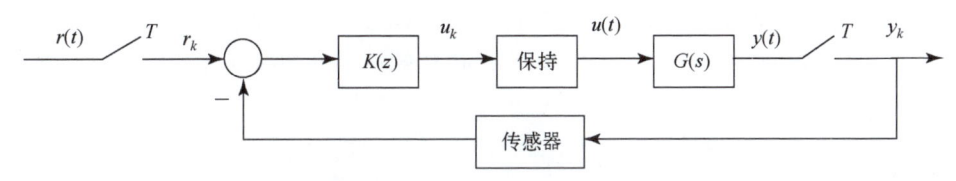

图2.7 数字控制系统的示意图

保持装置是一个 D/A 转换器，它将离散的控制样本 $K(z)$ 转换为连续时间控制。采样器以采样周期 T 采集 $G(s)$ 的输出样本 $y_k = y(kT)$。在数字控制中，传递函数位于 z 域（离散域）中。在离散（数字）系统中，拉普拉斯变换被 Z 变换取代。变量 s 和变量 z 之间的关系为

$$z = e^{sT} \tag{2.19}$$

式中，T 是采样率（如 0.01s）。指数函数的近似为

$$e^{sT} \approx \frac{1 + sT/2}{1 - sT/2} \tag{2.20}$$

这被称为双线性变换（Bilinear Transformation）或 Tustin 近似。反转这个变换得

$$s = \frac{2}{T} \frac{z-1}{z+1} \tag{2.21}$$

在数字控制中，采用这种变换技术可以获得每个传递函数（包括系统、传感器和控制器）的近似离散等效函数。随着采样率（平均采样数 T）的提高，这种近似将变得更加准确。参考文献[38]中介绍了数字控制系统的分析和设计。推荐使用 MATLAB 等软件来模拟数字控制系统。

2.6 控制系统设计过程

本节介绍整个控制系统设计的过程。一般来说，控制系统设计的主要标准包括制造技术、设计需求精度、稳定性要求、结构刚度、载荷系数、飞行品质要求、机动性、可靠性、生命周期成本、飞机配置、隐身要求、可维护性、通信系

统、空气动力学、处理器、航迹复杂性、与制导系统的兼容性、与导航系统的兼容性和质量。

在自动飞行控制系统的四个子系统中，控制子系统的设计最具挑战性。导航与制导子系统为控制系统提供信息，以确保飞行任务的顺利完成。通常，设计过程从性能需求研究开始，以明确稳定性和可控性要求之间的界限，且以优化结束。

在性能需求研究中会检查飞行特性的极端限制，并绘制稳定性与可控性的界限。例如，战斗机可能牺牲稳定性以实现更高的可控性和机动性。随后，可以采用自动飞行控制系统来增强飞机的稳定性。在民用飞机设计中，安全是最重要的目标，因此，稳定性明显优先于可控性。

这种性能需求研究的结果主要用于确定飞机重心的允许位置。通常，横滚、俯仰和偏航控制是并行设计的。然后，研究这三种控制之间的交叉耦合，以确保每种控制不在其他区域影响飞机的可控性特征。如果交叉耦合分析显示对任何控制面都有令人不满意的影响，那么必须重新设计一种或多种控制系统以解决此问题。

飞行控制系统设计应该有足够的冗余，以保证可靠性达到比所需水平高两个数量级的状态。通常，控制系统性能要求包括：①响应快速；②超调小；③零稳态误差；④低阻尼比；⑤上升时间短；⑥稳定时间短。如果超调量较大，那么由于加速度增加，结构上将施加较大的负载因子。

在稳定性较弱或不稳定的飞机中，保证飞机稳定是控制系统的另一个要求。这种增加稳定的要求可能使控制系统设计成为一个更具挑战性的问题。

飞机的航向通常是通过方向舵位置控制的。由于风的影响，在这个系统中，被控制的航向是飞机在静止空气中飞行的方向。自动驾驶仪通常需要根据侧风的情况来修正航向，使飞机的实际航向与期望航向一致。当设计飞机整体的航向控制系统时，需要综合考虑三个控制面的协同作用。具体来说，这意味着要同步调整方向舵、副翼和升降舵，以确保飞机在侧风条件下仍能按照预定航向飞行，并且保持平稳的水平状态。这种设计要求对控制逻辑进行精细调整，以实现各控制面之间的最佳协调，进而确保飞行安全和效率。

在 FAR 23[29]中，控制系统需要一定程度的冗余（例如动力传输线路）。动力传输线路（电路和管路）应避免彼此靠近，还应避免靠近燃油箱和液压线路。在大多数波音飞机中，都有三套独立的液压管路。如果液压管路发生泄漏，或者发动机失效，那么还有额外的独立运行的液压系统。例如，远程运输机波音 747 有四个液压系统。这些设计保证了高度安全和可靠的飞机。

在控制系统中，控制器是核心。当设计控制器时，需要实现的主要要求包括系统稳定性、期望轨迹跟踪、扰动抑制、噪声衰减、控制能量低、鲁棒稳定性和鲁棒性能。并不是所有动态模型都能完全满足所有这些要求。系统的典型缺陷及推荐的补偿器如表 2.2 所示。

表 2.2 系统的典型缺陷及推荐的补偿器

序 号	动态系统的不足	必要的补偿
1	稳态误差不为零	比例-积分（PI）
2	大超调；长上升时间；长稳定时间；低带宽	比例-微分（PD）
3	稳态误差不为零；超调量大；上升时间长	PID 控制器
4	响应迟缓	超前-滞后环节
5	响应快速	滞后-超前环节
6	阻尼比低（振荡太大）	速率反馈
7	对噪声和干扰敏感	洗出滤波器
8	不必要的模态	零极点相消
9	极点不在所需的位置	极点配置
10	系统响应不是最佳的	二次型最优调节器
11	系统的动态模型包含不确定性	鲁棒控制

图 2.8 所示为一架空客 A380 飞机，其最大起飞质量为 575000kg，翼展为 78m。这架飞机的巡航速度为 903km/h，航程为 14800km，升限为 13100m。它装备了现代数字飞行控制系统，具有多种模式，包括偏航阻尼器、马赫数保持、高度保持、垂直速度保持、进近定位保持、航向角保持、下滑道保持、自动着陆、自动拉平和 VOR 保持模式。

图 2.8 一架空客 A380 飞机

基于通用航空飞机的现有飞行品质以及过去对飞机飞行动力学的经验，建议在设计过程中考虑以下要求：①整体系统的稳定性（最低要求）；②输出（或状态跟踪）性能；③命令与响应的精度；④最小化特定的性能指标。具体的设计要求（阶跃响应规格）包括：①超调小于 5%；②稳态误差小于 1%；③上升时间小于 1s；④稳定时间小于 3s；⑤跨通道耦合最小。

自动飞行控制系统的设计过程始于设计要求，且具有迭代的特点。控制系统的三个主要部分（控制系统、制导系统和导航系统）是并行设计的。在设计这些系统时，必须选择三种控制律（飞行控制律、制导控制律和导航控制律）。此外，每个系统都需要设计或选择一系列相应的设备。

2.7 习题

1. 控制系统设计的主要标准是什么？
2. 定义传递函数。
3. 动态系统的状态空间表示的典型格式是什么？
4. 定义时间常数。
5. 具有一阶系统模型的作动器的时间常数为 0.1s，它的传递函数是什么？
6. 列出四种控制律。
7. 列出闭环系统的四个基本元素。
8. 列出控制系统的三个非线性特征。
9. 两种传统的控制器设计工具/技术是什么？
10. 写出常规控制面作动器的典型数学模型。
11. 飞机作动器的时间常数的典型值是多少？
12. 定义纵向控制。
13. 定义横向控制。
14. 定义方向控制。
15. 描述任务飞行包线。
16. 列出典型的飞机测量设备（传感器）。
17. 列出三个传统的控制面。
18. 描述 PID 控制器。
19. 描述最优控制。
20. 描述鲁棒控制。
21. 描述数字控制。
22. A/D 和 D/A 分别代表什么？

23. 对于对噪声和扰动敏感的控制系统，推荐使用哪种补偿器？
24. 对于对单位阶跃输入响应的稳态误差不为零的控制系统，推荐使用哪种补偿器？
25. 对于单位阶跃输入响应的稳态误差不为零、超调量大及上升时间长的控制系统，推荐使用哪种补偿器？
26. 对于动态模型包括不确定性的控制系统，推荐使用哪种补偿器？
27. 对于系统响应不是最优的控制系统，推荐使用哪种补偿器？
28. 作为作动器的电机的扭矩范围是多少？
29. 作为作动器的液压作动器的力范围是多少？
30. 作为作动器使用的四种类型的电机是什么？
31. 讨论伺服电机的特点。
32. 为什么在 Simulink 中建模控制面需要饱和块？
33. 为什么固定物体最多可以有六个自由度？它们是什么？
34. 绘制带有传统控制面的飞机的飞行控制系统的框图。
35. 描述增益调度控制技术。
36. MEMS 代表什么？

第3章 姿态控制系统

3.1 引言

闭环（负反馈）控制系统通常具有四种功能：调节、跟踪、稳定以及改善被控对象的动态响应。这里的调节功能被称为保持功能（Hold Function），具备此类功能的系统被称为姿态控制系统（Attitude Control System）。不过，跟踪功能被称为导航功能（Navigation function），这样的系统被称为飞行轨迹控制系统（Flight Path Control System）。在这里，负反馈用于调节飞行器的输出，即将输出恒定保持在参考姿态或设定点上。

自动控制系统被广泛用于保持飞机的姿态角，或将飞机的姿态调整为新的指令值。姿态控制（保持）系统是在长距离飞行中广泛使用的最早的、最基本的自动飞行控制。它们构成了自动飞行控制系统的基本功能，可以使飞机在飞行中保持任何指定的航向。本章中的自动驾驶仪模式主要用于保持姿态、高度、空速、垂直速度和航向。姿态控制系统具有一系列保持功能。一般来说，常规控制（保持）的飞机姿态包括高度保持、马赫数保持、俯仰姿态保持、滚转角保持以及转弯速率保持。

姿态保持是最常见的自动飞行控制系统（AFCS）功能，有时也称控制盘转向模式（Control Wheel Steering Mode）。因此，无须飞行员干预飞机即可自动飞行。

通常情况下，飞机的横向运动和航向运动是耦合的。因此，保持功能主要分为两类：纵向保持功能和横向-航向保持功能。在纵向平面内，主要有五种保持功能：①俯仰姿态保持；②高度保持；③控制盘转向模式；④速度/马赫数保持；⑤垂直速度保持。不过，在侧向模式下，有三种保持功能占主导地位：①滚转角保持或机翼改平；②航向保持；③平飞时的转弯速率模式保持。表3.1中给出了AFCS的基本保持功能。

表3.1　AFCS的基本保持功能

纵　　向	横　　向
俯仰姿态保持	滚转角保持（机翼改平）
高度保持	航向保持
控制盘转向模式	平飞时的转弯速率模式保持
速度/马赫数保持	
垂直速度保持	

增稳系统（见第5章）通常构成姿态控制系统的内回路，姿态控制系统则构成轨迹控制系统的内回路。一般来说，姿态控制系统的操纵往往比增稳系统更复杂，因为通常要使用更多的控制面。

建议采用增益调度以在最大范围内保持飞行包线上的闭环性能一致性。为了实现这一目标，需要在所需任务飞行包线上的多个配平点对非线性运动方程进行线性化处理，以获得不同 A 和 B 矩阵的状态变量模型。然后，基于这些模型迭代设计控制器。

3.2　巡航飞行要求

无人机巡航控制是最简单的控制方式，但也存在多种替代方案。纵向保持可有效实现长时巡航飞行控制。因燃料消耗，飞机起飞与着陆时质量差异显著（通常约为20%）。然而，对于"全球鹰"这样的长航时无人机，质量的变化高达50%。在任何质量和高度下，升力必须等于平飞时的飞机质量：

$$W = L = \frac{1}{2}\rho V^2 S C_L \tag{3.1}$$

式中有四个独立的参数：①无人飞行器质量 W；②空速 V；③高度或相应的空气密度 ρ；④迎角 α 或相关的升力系数 C_L。由于燃料在飞行过程中持续消耗，飞机质量在飞行过程中会不断减小。为了保持平飞，必须同时降低升力。在众多可能的解决方案中，只有三种方案比较实用。因此值得对此进行研究。在每种情况下，两个飞行参数在整个巡航过程中保持不变。巡航时持续降低升力的三种飞行方案如图3.1所示。

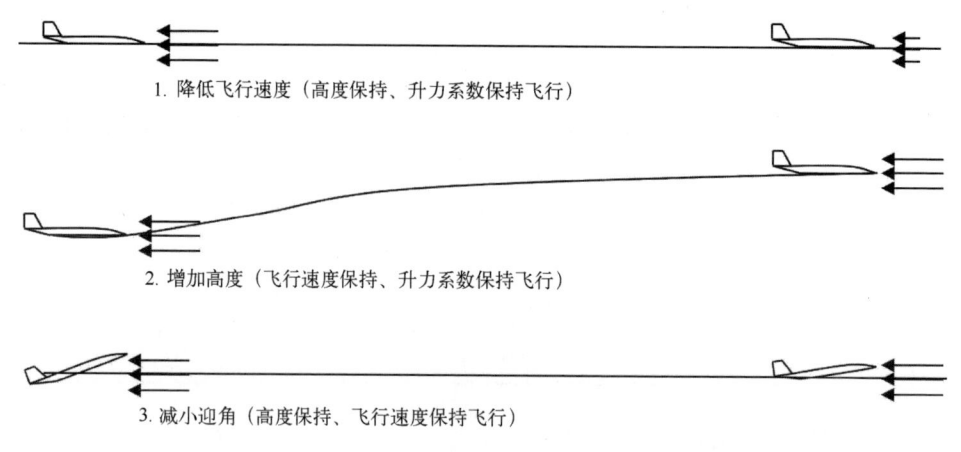

1. 降低飞行速度（高度保持、升力系数保持飞行）

2. 增加高度（飞行速度保持、升力系数保持飞行）

3. 减小迎角（高度保持、飞行速度保持飞行）

图3.1 巡航时持续降低升力的三种飞行方案

对于每种飞行方案，都应设计并实施专用控制器。在第一种飞行方案中，速度必须与飞机质量的减小速度相同。在第二种飞行方案中，必须降低空气密度；换句话说，必须提高飞行高度。在第三种飞行方案中，减小飞机的迎角，即减小升力系数。

在自动飞行控制系统的应用方面，第一种飞行方案通过油门执行，第三种飞行方案通过驾驶杆/舵/轮执行。在第二种飞行方案中，无须AFCS采取任何行动，飞机将逐渐增高（爬升）。

基于安全法规和实际考虑，第二种飞行方案成为多数飞机的主要选择。一般来说，当在美国《联邦航空条例》管辖范围内进行飞行时，可接受的飞行方案主要是高度保持和空速保持。

从自动驾驶仪控制的角度看，第一种飞行方案有三个缺点：①需要不断计算航迹上的空速，并相应地降低油门设置值；②降低空速会增加飞行时间；③事实上，空中交通管制规定巡航飞行需要恒定的真空速度，目前恒定的真空速度指的是±10kt。自动驾驶仪已解决部分问题，并且能够实现连续计算。

第二种飞行方案通常称为巡航爬升飞行（Cruise-Climb）。在该方案中，空气密度将随着飞机质量的减小而自动降低。由于无须自动驾驶仪干预，需要巡航爬升飞行。

这里讨论的两种巡航模式被称为马赫数保持（Mach Hold）和高度保持（Altitude Hold）。这两种巡航模式通常在巡航飞行中使用，可以根据飞行任务选择其中的一种。

3.3 俯仰姿态保持

俯仰姿态保持模式是最早在湍流中帮助飞行员持续控制俯仰姿态/角度的AFCS模式之一,是一种巡航/爬升控制功能,在飞行器平飞时经常使用。俯仰姿态控制系统仅使用升降舵作为控制输入。不同时控制空速,就无法控制飞行轨迹角。飞机的俯仰姿态由垂直陀螺仪测量。垂直陀螺仪是一种两自由度陀螺仪,其角动量向量(自转轴方向)沿当地垂线方向。

受控变量是俯仰角(θ),它是俯仰轨迹角(γ)和迎角(α)之和:

$$\theta = \alpha + \gamma \tag{3.2}$$

当升降舵偏转或油门设置值改变时,俯仰角随之改变;这意味着迎角和俯仰轨迹角同时受到影响。在纵向控制中,迎角和俯仰轨迹角是耦合的;因此,在单个输入下,对应俯仰角输出。这种AFCS保持功能也适用于保持俯仰轨迹角不变的爬升飞行阶段。

图3.2所示为俯仰姿态保持控制系统的功能框图,其中需要一个反馈(俯仰角),这个飞行参数的测量设备是姿态陀螺仪。俯仰角到升降舵偏转角的传递函数($\frac{\theta(s)}{\delta_E(s)}$)是一个标准的纵向传递函数,可以在飞行动力学教科书中找到,如参考文献[1]和[2]。升降舵作动器可用一阶传递函数来建模。例如,可以使用一个0.1s的滞后环节来建模(如$\frac{10}{s+10}$)。

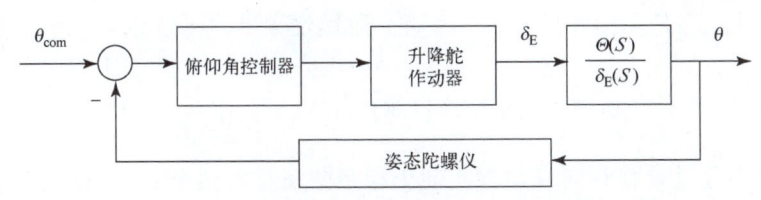

图3.2 俯仰姿态保持控制系统的功能框图

利用短周期近似法,可得俯仰角到升降舵偏转角的传递函数如下[1]:

$$\frac{\theta(s)}{\delta_E(s)} = \frac{(M_{\delta_E}U_0 + Z_{\delta_E}M_{\dot{\alpha}}) + M_\alpha Z_{\delta_E} - Z_\alpha M_{\delta_E}}{sU_0\{s^2 - (M_q + Z_\alpha/U_0 + M_{\dot{\alpha}})s + (Z_\alpha M_q/U_0 - M_\alpha)\}} \tag{3.3}$$

式中,U_0 为初始配平速度,$Z_\alpha, M_\alpha, M_q, M_{\dot{\alpha}}$ 为带量纲的稳定导数,M_{δ_E} 和 Z_{δ_E} 为带量纲的控制导数。

俯仰姿态是短周期和长周期模式所涉及的有效飞行变量之一。当设计俯仰姿态保持系统时,随着控制器增益的增加,短周期模式的根会向根轨迹的虚轴方向运动。这意味着随着增益的增加，飞机的纵向动态稳定性降低。需要注意的是，控制器不会保持俯仰轨迹角不变，因为随着燃料消耗和飞行器质量的减小，迎角随时间变化。在控制律中加入积分项可以消除系统的稳态误差。俯仰姿态反馈可显著改善系统的长周期阻尼。

将控制器从前向回路移至反馈回路有一些优点。例如，随着反馈控制器增益的增加，飞机的短周期频率也增加，但其阻尼比会降低；然而，其长周期的阻尼比会增加。一般来说，俯仰姿态的反馈会导致长周期模式的阻尼增大，牺牲短周期模式的阻尼，将因稳定裕度降低而导致动态响应特性恶化。。

若增大发动机的推力，则迎角会减小，飞行器会爬升。随着飞机质量的减小（由于燃料燃烧），应减小迎角，进而减小升力，否则会导致飞机逐渐爬升。

如果预设参数是俯仰轨迹角，那么随着空气密度逐渐降低，俯仰轨迹角将趋于平缓。这将使得迎角增加。俯仰-高度保持通常用作高度保持和自动着陆等其他自动驾驶仪模式的内回路。俯仰控制器可保证稳态误差为零，并且具有理想的瞬态响应。

姿态陀螺仪（Altitude Gyro）提供的误差信号与惯性空间预设方位偏差成正比。为了改善短周期阻尼，可增加一个内回路俯仰角速度（$Q = d\theta/dt$）反馈作为第二个反馈。带有两个反馈的新控制系统需要额外的传感器，如图3.3所示。在该控制系统中，俯仰角由常规姿态（垂直）陀螺仪测量，而俯仰角速度（Q）则由速率陀螺仪（Rate Gyro）测量。外回路中的积分器（$1/s$）用于由俯仰角速率转换为俯仰姿态。俯仰角速率由速率陀螺仪测量。

该技术通过增强纵向稳定性实现更稳定的飞行。两个独立的控制器（K_1和K_2）分别调节俯仰动态的固有频率和阻尼比。

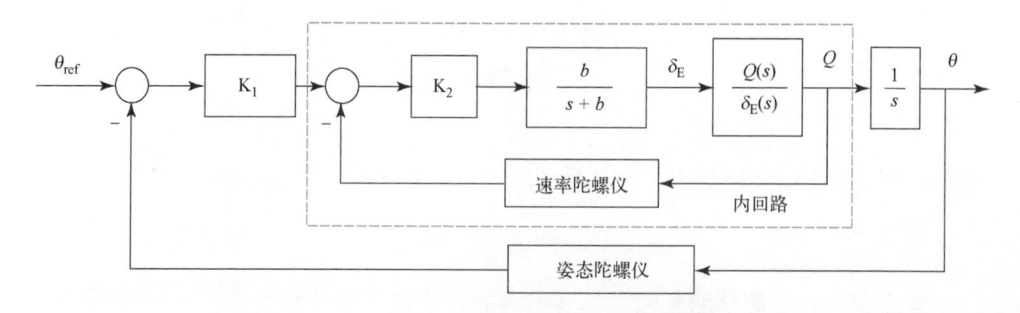

图3.3　带有两个反馈的俯仰角控制系统框图

3.4 高度保持

在高度保持模式下，飞机的飞行轨迹角（高度）由升降舵控制。此外，空速或马赫数由发动机油门控制。在该模式下，通过高度表（传感器）获取高度反馈信号，其测量设备可为高度计（GPS、空速管或雷达高度计）。高度控制系统的结构与爬升率（或下降率）控制系统非常相似。在应用中，当飞机达到所需的目标高度时，飞行员按下AFCS的高度按钮（ALT）。

图3.4所示为基本高度保持（控制）系统的组成。高度控制器的目的是在特定飞行阶段（如巡航）将飞机保持在所需的高度。为了保持恒定的巡航高度，可以使用升降舵或油门。若保持油门（发动机推力），通过升降舵减小迎角补偿飞机质量降低。俯仰控制器可以是简单的PID控制器，也可以是更复杂的控制器。无论哪种情况，飞机最终通过纵向控制系统保持恒定的高度。

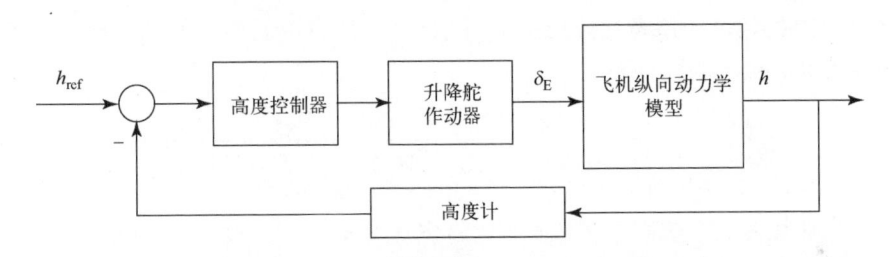

图3.4 基本高度保持（控制）系统的组成

设计控制器时，可基于高度到升降舵的近似传递函数开始初步设计。然后，采用完整的传递函数对控制器进行迭代优化。要推导高度到升降舵的传递函数，首先要了解垂直速度（V_y）或爬升率（$\dot{h}$）与飞机速度（V）和俯仰轨迹角（γ）之间的关系（见图3.5）：

$$\dot{h} = V_y - V\sin\gamma \qquad (3.4)$$

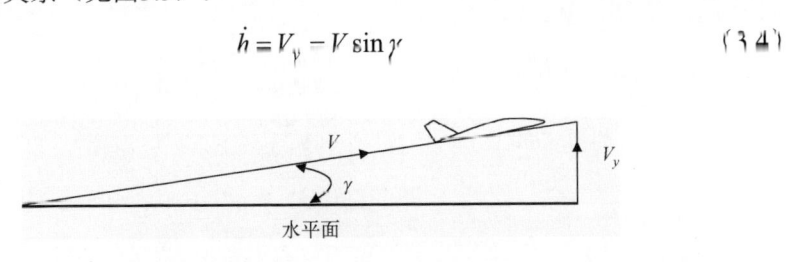

图3.5 爬升飞行时航迹的几何关系

俯仰轨迹角（γ）通常很小（如小于15°）。因此，这个方程可以线性化：

$$\dot{h} = V\gamma \tag{3.5}$$

拉普拉斯变换得

$$sh = V\gamma(s) \tag{3.6}$$

当将升降舵（δ_E）作为输入时，可得到下面的传递函数：

$$\frac{h(s)}{\delta_E(s)} = \frac{V}{s}\frac{\gamma(s)}{\delta_E(s)} \tag{3.7}$$

利用俯仰轨迹角和俯仰角之间的关系［见式（3.2）］，可得

$$\frac{h(s)}{\delta_E(s)} = \frac{V_1}{s}\left[\frac{\theta(s)}{\delta_E(s)} - \frac{\alpha(s)}{\delta_E(s)}\right] \tag{3.8}$$

式中，V_1 为初始配平空速。俯仰角到升降舵偏转角的传递函数 $\theta(s)/\delta_E(s)$ 和迎角到升降舵偏转角的传递函数 $\alpha(s)/\delta_E(s)$ 是标准的纵向传递函数，可在许多飞行动力学教材中找到，如参考文献[2]、[5]和[6]。当使用短周期近似法时，这两个传递函数的计算公式为[2]

$$\frac{\alpha(s)}{\delta_E(s)} = \frac{Z_{\delta_E}s + M_{\delta_E}(U_1 + Z_q) - M_q Z_{\delta_E}}{U_1\{s^2 - (M_q + Z_\alpha/U_1 + M_{\dot{\alpha}})s + (Z_\alpha M_q/U_1 - M_\alpha)\}} \tag{3.9}$$

高度计往往有一个固有的滞后时间，其大小取决于高度计的类型和性能。气压式高度计和空速管比基于GPS的高度计的滞后时间更长。在所有情况下，所有类型均可用具有给定时间常数的一阶传递函数来建模。

升降舵作动器也可以使用一阶传递函数来建模。图3.6所示为高度保持系统的功能框图，其中a和b分别为高度计和升降舵作动器的截止频率。在时域中，参数1/a和1/b分别是高度计和升降舵作动器的时间常数。可以使用多种控制律来设计控制器并确定控制器的传递函数 $C(s)$。

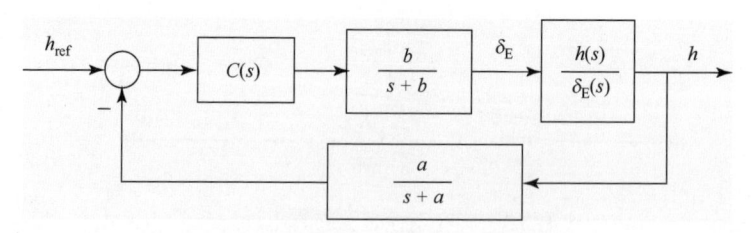

图3.6 高度保持系统的功能框图

加速度计也可用于控制高度。根据坐标系，a_z 向下为正值，因此高度（h）

可以通过对垂直加速度（在z轴上）积分来确定：

$$h = \frac{-1}{s^2} a_z \quad (3.10)$$

反馈信号在求和点处的符号也必须为负。军用飞机或导弹的专用AFCS是地形跟踪地形规避（Terrain-Following Terrain-Avoidance，TFTA）自动驾驶仪。这种飞行控制系统通常利用飞机/导弹下方搭载的雷达来测量到地面的高度。雷达为控制系统提供制导信号，以便以恒定的速度在恒定高度（如100ft）上飞行。第4章中将介绍地形跟踪自动驾驶仪。

3.5 马赫数保持

以恒定的马赫数巡航是现代高亚音速运输机所要求具有的一项功能，以便最大限度地降低燃料成本，同时优化飞行时间。马赫数保持模式尤其适用于远程飞行，但是在许多情况下，法规也要求恒定高度飞行。在配备自动驾驶仪的飞机上，巡航控制（包括马赫数保持）将由自动驾驶仪执行。确定所需的巡航空速后，飞行员只需启动自动驾驶仪上的马赫数保持模式（或空速保持模式）。

早期自动驾驶仪往往在期望的空速/马赫数附近产生持续俯仰振荡，以保持给定的空速巡航。这对乘客的舒适度产生了不利影响，因此许多飞行员避免使用速度保持模式，尤其是在海拔较高的地区。

在马赫数保持模式下，飞机通过升降舵和油门自动控制航迹角和空速，进而以恒定的马赫数飞行。对于这种操作模式，飞机首先平飞配平并调整发动机功率，然后进入飞行控制系统的马赫数保持模式。

当飞机巡航时，飞机质量会减小（由于燃料消耗）。如果飞行员无操作干预，那么速度和/或高度往往会增加（飞机会缓慢爬升）。控制系统可感知速度的增加，并通过以下两种方式进行修正：增大升降舵控制信号或减小油门。减小油门会导致飞机减速，而增大升降舵控制信号则会导致飞机机头下俯。还有一种值得关注的方案，即同时调节升降舵和油门（第三种方案）。

第一种方案（仅使用升降舵）只有一个反馈（速度/马赫数），由马赫表测量（见图3.7），且只有一个控制器$C(s)$和一个控制输入（升降舵）。在马赫数保持模式下运行的最终结果是飞机缓慢爬升，原因是迎角（升力系数）保持不变，这可通过降低空气密度（增加高度）来补偿。这是一种简单的基本自动飞行控制功能，主要用于早期的亚音速运输机。然而，由于这种飞行操作具有巡航爬升的特性，不符合美国联邦航空管理局（FAA）适航条例要求，现已不推荐使用。对运输机而言，油门作动器的典型传递函数为 $\frac{a}{s+a}$，其中 a 约为20。a 的值为20意味着伺服时间常数为1/20s或0.05s或50ms。

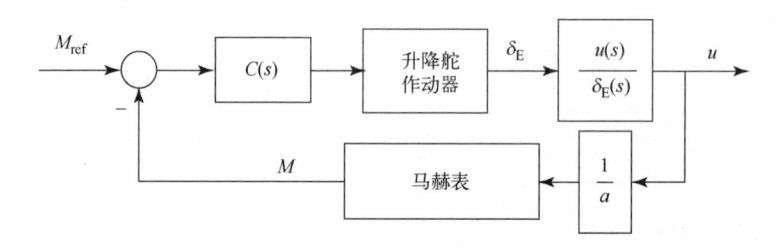

图3.7 使用升降舵的马赫数保持模式框图

第二种方案（仅使用油门）在马赫数保持模式下运行的最终结果是飞机在增高的同时保持马赫数。只有一个反馈（速度/马赫数），由马赫表测量（见图3.8），只有一个控制器 $C(s)$ 和一个控制输入（发动机油门 δ_T）。自动节流阀调节发动机的燃油供应。马赫数定义为空速与声速（a）之比，即

$$M = \frac{u}{a} \tag{3.11}$$

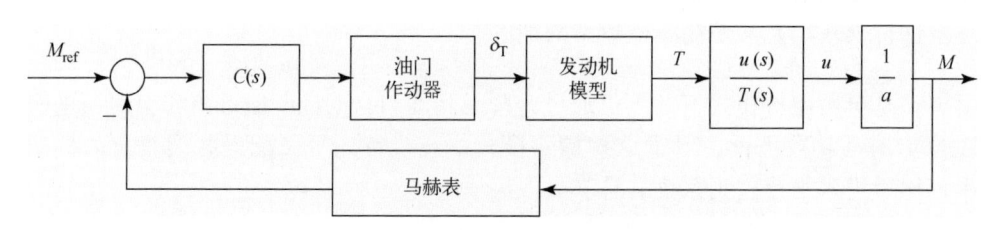

图3.8 使用自动油门的马赫数保持框图

发动机推力到油门节流阀的传递函数 $T(s)/\delta_T(s)$ 通常可用增益（lb/°或N/°）来表示。空速主要是发动机油门、飞机质量、俯仰角和阻力的函数。空速到油门设置值的传递函数为

$$\frac{u(s)}{T(s)} = \frac{(k+s)(b_2 s^2 + b_1 s + b_0)}{a_4 s^4 + a_3 s^3 + a_2 s^2 + a_1 s + a_0} \tag{3.12}$$

式中，各个系数是通过对参考文献[2]中的式（5.33）进行如下三处改动得出的：①将 X_{δ_e} 替换为 $1/m$；②将 Z_{δ_e} 替换为0；③将 M_{δ_e} 替换为 z_T/I_{yy}。参数 z_T 是推力线与飞机重心之间的垂直距离，m 代表飞机质量。

推力导数取决于发动机类型、螺旋桨效率（如适用）、高度和空速。为获得更精确的框图，建议在发动机模型中插入一阶传递函数以表征其时间滞后特性。飞机以速度变化作为输出来对这一输入做出响应。油门舵机和发动机的响应可由 5s 的滞后（如 $\frac{0.2}{s+0.2}$）环节建模。

自动油门是一种简单/基本的自动飞行控制功能，早期主要用于亚音速运输机。然而，由于这种飞行操作具有巡航爬升特性不符合FAA适航条例要求，现已不推荐采用。

第三种方案（同时使用升降舵和油门）的最终结果是飞机同时保持高度和马赫数。这种方案有两个反馈（见图3.9）：①速度/马赫数，由马赫表测量；②高度，由高度计测量。因此，需要两个控制器，一个用于控制升降舵，另一个用于控制发动机油门。

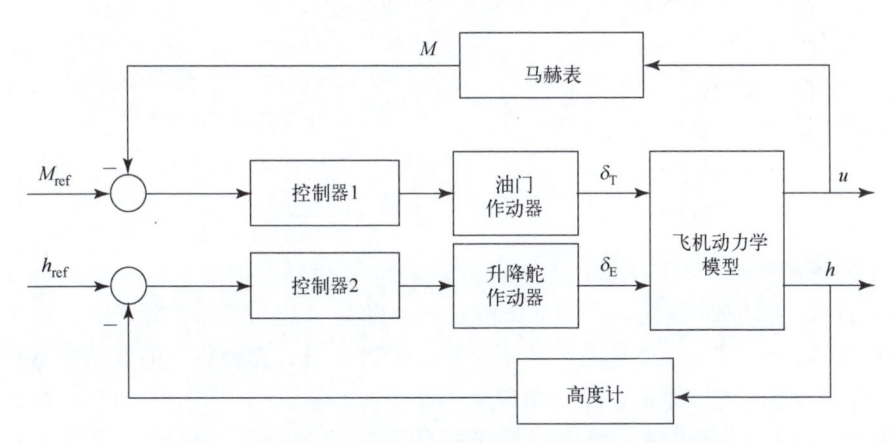

图3.9 使用自动油门和升降舵的马赫数保持模式框图

马赫数保持模式（选项4）的另一种改进是增加一个内回路（见图3.10）来控制俯仰角速率。该功能可将短周期和长周期模式的四个极点调整到所需位置，进而增强飞机的纵向动态稳定性。俯仰角速率由速率陀螺仪测量，其增益通常只有每1度/秒俯仰角速率几伏。可以使用一个超前滞后型控制器（$\frac{K(s+a)}{s+b}$）来控制空速（马赫数）和俯仰角速率。

俯仰角速率到升降舵偏转角的传递函数是一个四阶特征方程：

$$\frac{Q(s)}{\delta_E(s)} = \frac{s(b_2 s^2 + b_1 s + b_0)}{a_4 s^4 + a_3 s^3 + a_2 s^2 + a_1 s + a_0} \tag{3.13}$$

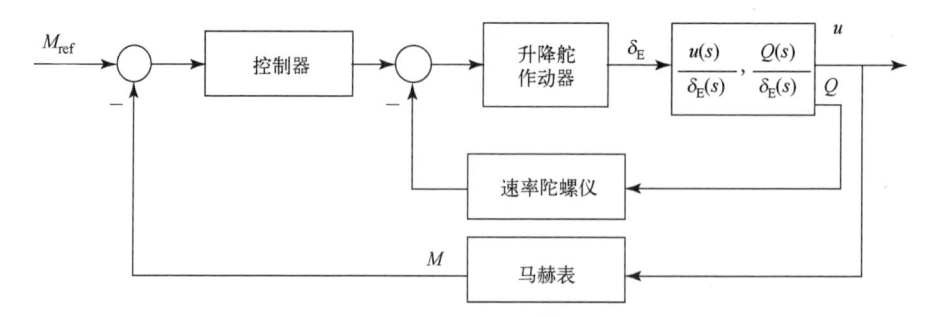

图3.10　带有内回路的AFCS马赫数保持模式框图

通过扩展纵向状态空间模型，可以推导出分子和分母系数的表达式。然而，使用短周期近似可以得到用如下二阶特征方程[1]表示的传递函数：

$$\frac{Q(s)}{\delta_E(s)} = \frac{\left[(U_o - Z_{\dot{\alpha}})M_{\delta_E} + Z\delta_E M_{\dot{\alpha}}\right]s + M_{\alpha}Z_{\delta_E} - Z_{\alpha}M_{\delta_E}}{U_0\left\{s^2 - (M_q + Z_{\alpha}/U_0 + M_{\dot{\alpha}})s + (Z_{\alpha}M_q/U_0 - M_{\alpha})\right\}} \quad (3.14)$$

马赫数保持模式的第四种改进（见图3.10）适用于非理想Tuck模式的飞机［当Tuck导数（如C_{m_u}）改变符号时］。该导数可用马赫数的函数来表示：

$$C_{m_u} = M\frac{\partial C_m}{\partial M} \quad (3.15)$$

当Tuck导数为负（不稳定）时，飞机将随着速度的增加呈现下俯趋势（即Tuck-under自动俯冲效应）。当升降舵的效率随马赫数的增加而降低时，这种现象将影响安全。在高亚音速马赫数下，Tuck导数为负，需要更大的低速静态裕度来保持俯仰稳定性。因此，内回路控制俯仰角速率，以减轻不稳定的Tuck特性。在各个巡航控制模式中，可以根据飞机和任务要求选择。超过最大速度限制（V_{NE}）时，可以微调AFCS模式来触发另一个模式，使飞机上仰并减速。

3.6　机翼改平

航空史上最早的自动驾驶仪模式（20世纪30年代）是机翼改平，它可让飞行员在长时间巡航飞行中尽量少地控制滚转角。根据定义，机翼改平是一种零滚转角（$\phi=0$）或滚转角保持自动驾驶仪。许多力都会破坏机翼水平状态，例如结构的不对称、发动机扭矩、大气湍流和燃油晃动。当在阵风条件下飞行时，机翼的一侧（左侧或右侧）总会倾斜。此外，即使是在最平稳的空气中，一侧机翼也会倾斜。因此，当没有自动驾驶仪的干预时，飞机始终存在滚转趋势。这意味着没有一种飞机天然具有滚转稳定性，尽管它们可能具有横向稳定性。

当自动驾驶仪保持机翼水平时,可以缓解飞行员长时间飞行的疲劳。它将消除飞行员因疏忽而陷入向地面螺旋运动的危险。目前的单发通用航空飞机(如塞斯纳172S Skyhawk SP,见图3.11)通常配备有自动驾驶仪,至少具有机翼改平功能。仅具有这种模式的自动驾驶仪被称为单轴自动驾驶仪(Single axis Autopilot)。

图3.11 塞斯纳172S Skyhawk SP

通过滚转控制保持机翼水平始终是必要的。实现该目标的主要控制面(见图3.12)是副翼(δ_A)。没有反馈回路,就无法启动机翼改平;因此,需要测量装置(如姿态陀螺仪)来感知滚转角($\phi=0$)。为了达到零滚转角(假设滚转角最初不为零),需要滚转运动并获得滚转加速度。

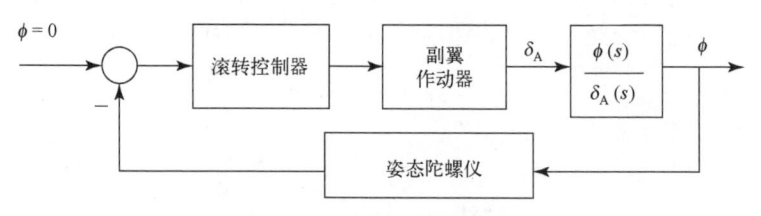

图3.12 基本滚转角控制系统框图

除了自动驾驶仪对舵机(驾驶杆/摇杆)的指令,还有额外附加的指令用于限制副翼饱和和过度控制。在现代运输机中,引入舵机位置反馈回路在特定条件下限制操纵偏转。

滚转角到副翼偏转角的近似传递函数可由一个二阶系统建模:

$$\frac{\phi(s)}{\delta_A(s)} = \frac{L_{\delta_A}}{s^2 - L_p} \quad (3.16)$$

式中，L_p 和 L_{δ_A} 分别是滚转阻尼（稳定性）和滚转控制导数。零根（自由s）意味着若飞机偏离预期的滚转角，则除非飞行员使用副翼修正，否则不会产生固有的恢复力矩。

另一种控制滚转角的更有效的方法是采用两个反馈（见图3.13），需配置两个传感器。在该控制系统中，滚转角由常规姿态陀螺仪测量，而滚转角速率（P）由滚转角速率陀螺仪测量。这种技术增强了方向稳定性，使飞行更平稳。两个独立的控制器（K_1和K_2）分别调节滚转运动的固有频率和阻尼比。

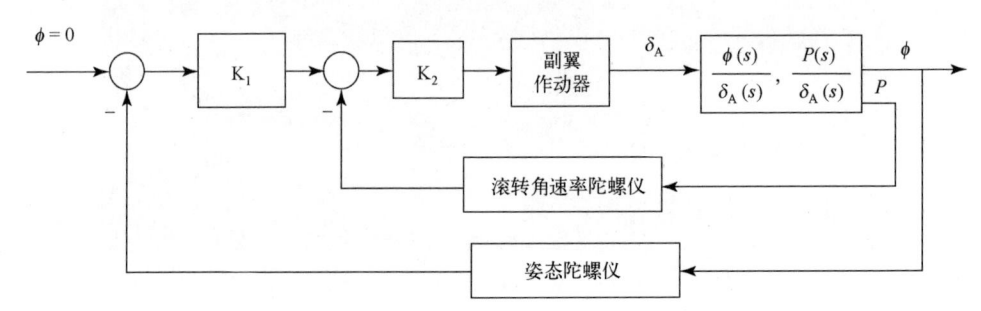

图3.13 带有两个反馈的滚转角控制系统框图

纯滚转运动的微分控制方程[9]为

$$\frac{-1}{L_P}\frac{\mathrm{d}P}{\mathrm{d}t} + P = \frac{L_{\delta_A}}{L_p}\delta_A \tag{3.17}$$

应用拉普拉斯变换，得出传递函数为

$$\frac{-1}{L_P}sP + P = \frac{L_{\delta_A}}{L_p}\delta_A \tag{3.18}$$

$$\frac{P(s)}{\delta_A(s)} = \frac{\dfrac{L_{\delta_A}}{L_p}}{\dfrac{-1}{L_P}s+1} = \frac{-L\delta_A}{s-L_P} \tag{3.19}$$

对固定翼无人机来说，阻尼导数 L_P 为负，因此滚转角速率到方向舵是一个稳定的系统。开发滚转角控制系统时，将采用这一传递函数和滚转角传递函数。

大多数飞机具有很强的偏航-滚转耦合，因此在任何航向控制系统的设计中都应考虑滚转角-副翼的反馈。同时，当使用滚转角速率反馈和滚转角反馈设计控制器时，能有效地控制闭环极点的位置。当使用滚转角反馈回路时，螺旋极点向左移动，而荷兰滚极点向 s 平面的右侧移动。这意味着荷兰滚模式将变得不稳定，而螺旋模式则趋于稳定。

3.7 协调转弯

3.7.1 协调转弯的控制方程

转弯是一种飞行机动，会导致航向（Ψ）变化；转弯通常是通过同时进行滚转和偏航运动来实现的（因此为倾斜-转弯）。在极少数情况下（如某些导弹），转弯只涉及偏航运动（侧滑-转弯）。最理想的水平转弯类型是协调转弯，其定义为横向加速度为零的转弯。它有一些优点，包括恒定的半径、没有横向过载系数以及更好的机械仪器环境。

协调转弯在参考文献[2]中指空气动力侧力（F_{A_y}）和横向加速度（a_y）均为零的转弯。根据参考文献[3]，在协调转弯中，侧滑角也应为零。笔者认为，第一个条件即可定义为协调转弯（$F_{A_y} = a_y = 0$）。因此，协调转弯具有无侧移和无侧滑的特点。

协调转弯的结果是转弯半径（R）保持不变。因此，侧滑角是运动变量，其控制是实现协调转弯的核心。每架现代飞机都具备转弯协调仪，包括用于显示偏流角速率的速率陀螺仪和用于确定向心加速度的加速度计。

在这种转弯中，滚转和偏航运动的耦合最小。因此，飞机以恒定半径和恒定空速（V）按圆周轨迹飞行。

于是，升力的水平分量（L）等于离心力，而其垂直分量则与飞行器质量平衡：

$$L \sin \phi = m \frac{V^2}{R} \tag{3.20}$$

$$L \cos \phi = W \tag{3.21}$$

式中，ϕ 是滚转角。转弯协调仪是一种横向自动驾驶仪，可以提供机身横向过载系数 n_y 和指令过载系数 n_{yc}（通常为零）。转弯协调仪有多种配置，大多数包括一个内回路（偏流角速率阻尼器）和一个外回路。外回路使用加速度计反馈，若加速度计位于与无人机重心不同的位置，则具有力臂反馈补偿。

升力与飞机质量（W）的比值称为过载系数（Load factor），用 n 表示，即

$$n = \frac{L}{W} \tag{3.22}$$

协调转弯时，转弯半径、滚转角和空速之间的关系为[38]

$$R = \frac{V^2}{g \tan \phi} \tag{3.23}$$

当转弯协调仪中的传感器向飞控计算机反馈飞机正在转弯时，计算机会向滚转作动器（电机或液压作动器）发送信号。然后，通过钢索传动机构（如果是机械系统）联动副翼操纵钢索。当滚转作动器慢慢地对转弯施加副翼偏转时，飞控计算机会监控转弯状态，最终在转弯协调仪发出机翼恢复水平时终止指令，以每秒多次的频率运行。

在协调转弯中，飞机保持恒定的俯仰角和滚转角，而航向以恒定的角速率连续变化。因此，欧拉滚转角速率（$\dot{\phi}$）和俯仰角速率（$\dot{\theta}$）为零，而欧拉偏流角速率（$\dot{\psi}$）为转弯速率。机体轴角速度是俯仰角和滚转角的函数：

$$P = -\dot{\psi} \sin \theta \tag{3.24}$$

$$Q = \dot{\psi} \sin \phi \cos \theta \tag{3.25}$$

$$R = \dot{\psi} \cos \phi \cos \theta \tag{3.26}$$

可以测量这三个飞行参数，并将其作为反馈来控制协调转弯。然而，由于俯仰角（θ）较小，线性化得到 $\sin \theta = 0$，而 $\cos \theta = 1$。因此，对于指定的转弯速率，可以忽略滚转速率，并计算出所需的偏流角速率。为了保持高度恒定，还应该使用升降舵。

表3.2列出了自动驾驶仪协调转弯模式的内回路。在协调转弯中，所有三个控制面（在传统固定翼无人机中）同时使用。升降舵偏转以保持所需的迎角，进而补偿升力。通过副翼偏转形成滚转角。方向舵的主要作用是将常规转弯转换为协调转弯。在滚转转弯（$\phi > 0$）机动中，由于迎角增大，法向过载系数（n_z）大于1。法向过载系数与飞行器滚转角之间的关系为

$$n_z = \frac{1}{\cos \phi} \tag{3.27}$$

因此，随着滚转角的增大，过载系数也增大。

表3.2 自动驾驶仪协调转弯模式的内回路

序 号	回 路	指令变量	控制面	约 束
1	法向加速度指令	n_z	升降舵	$-30° \leq \delta_E \leq +30°$ $-2 \leq n_z \leq +5$
2	滚转角指令	ϕ	副翼	$-30° \leq \delta_A \leq +30°$ $-2 \leq n_z \leq +5$
3	转弯协调仪	横向加速度(n_y)	方向舵	$-30° \leq \delta_R \leq +30°$ $n_y = 0$

3.7.2 框图

内回路增稳和控制模式的设计应能改善飞机各轴的阻尼。转弯协调仪需同时满足指令过载系数和指令滚转角需求（框图结构类似于机翼配平）。外回路的设计应提供高度保持和垂直航迹角保持。此外，若涉及制导系统，则制导回路应设计为在俯仰角和偏流角通道采用比例导引律。对非战斗机而言，横向加速度（a_y或a_{lat}）期望为零，由横向加速度计监测。为了简化转弯协调仪的设计，建议将横向加速度计安装在飞行器的重心位置。横向加速度计对结构振动非常敏感，因此必须配置适当滤波器来抑制结构振动对加速度计的影响。

自动驾驶仪的基本协调转弯模式框图如图3.14所示。共有三个反馈（横向加速度、偏流角速率和偏流角加速度）和两个传感器（横向加速度计和偏流角速率陀螺仪）。第二个回路中的参数C代表加速度计的力臂。若加速度计位于机体的重心位置，则C为零。为满足控制要求，可以采用多种控制器，最简单的是两个增益控制器。得出所有传递函数后，设计问题就是确定两个增益K_1和K_2，以满足协调转弯要求。

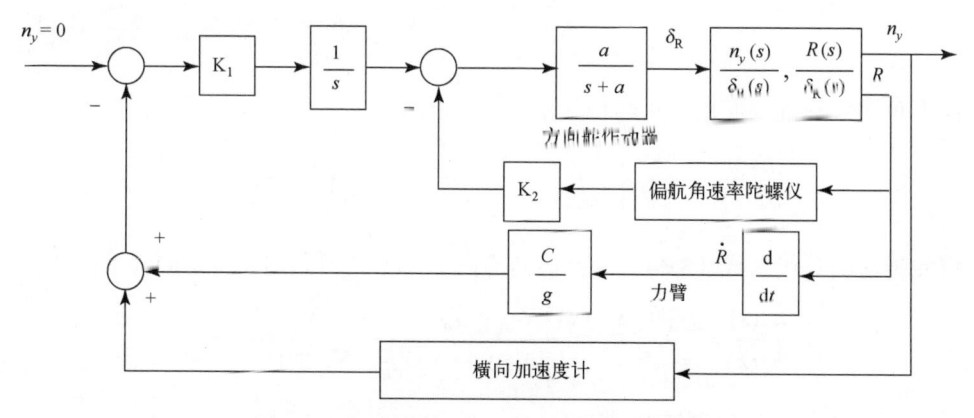

图3.14 自动驾驶仪的基本协调转弯模式框图

y方向和z方向的过载系数分量可以表示为飞行变量的函数[5]。法向过载系数是迎角速率（$\dot{\alpha}$）的函数：

$$n_z = \frac{U_0}{g}(Q - \dot{\alpha}) \tag{3.28}$$

式中，U_0是总初始空速。横向过载系数（n_y）定义为

$$n_y = \frac{F_y}{mg} \tag{3.29}$$

横向过载系数与偏流角速率（R）和侧滑速率（$\dot{\beta}$）的函数关系为

$$n_y = \frac{U_0}{g}(\dot{\beta} + R) \tag{3.30}$$

y方向的速度（v）与侧滑角（β）之间的关系为

$$\tan\beta = \frac{v}{U_0} \tag{3.31}$$

假设角度较小，并且应用线性化技术（小扰动理论，以及$\sin\beta = \beta$且$\cos\beta = 1$），那么该方程可以简化为

$$\beta = \frac{v}{U_0} \tag{3.32}$$

两边微分得

$$\dot{v} = \dot{\beta} U_0 \tag{3.33}$$

利用这个微分方程，可用$\dot{v}$代替$\dot{\beta}U_0$：

$$n_y = \frac{1}{g}(\dot{v} + U_0 R) \tag{3.34}$$

偏流角速率到方向舵偏转角的传递函数[5]如下所示：

$$\frac{R(s)}{\delta_R(s)} = \frac{U_0 N_{\delta_R} s + (N_\beta Y_{\delta_R} - Y_\beta N_\beta)}{U_0 s^2 + s(U_0 N_r - Y_\beta) + (Y_\beta N_r + U_0 N_\beta - Y_r N_\beta)} \tag{3.35}$$

将此传递函数代入式（3.34），可得到横向加速度到方向舵偏转角的传递函数：

$$\frac{n_y(s)}{\delta_R(s)} = \frac{U_0}{g} \frac{Y_{\delta_R} s^2 + s(Y_r N_{\delta_R} - Y_{\delta_R} N_r) + (Y_{\delta_R} N_\beta - N_{\delta_R} Y_\beta)}{U_0 N_{\delta_R} s + (N_\beta Y_{\delta_R} - N_{\delta_R} Y_\beta)} \tag{3.36}$$

注意，n_y为零表示协调转弯。

3.7.3 副翼与方向舵的交联

长期以来,在协调转弯中一直采用控制交联[也称交叉传递(Cross-Feed)]来消除侧向力。两种有效的交叉传递技术是副翼-方向舵交叉传递(Aileron-to-Rudder Interconnect,ARI)和滚转角-方向舵交叉传递。这两种技术都广泛应用于大型运输机。

图3.15所示为利用ARI的协调转弯系统框图。该系统有三个反馈信号:滚转角、滚转角速率和偏流角速率。此外,系统还采用了两个控制器和一个交叉传递增益。交叉传递路径中需要有洗出滤波器,确保飞机产生稳定的非零侧滑角。副翼和方向舵使用ARI技术实现协调转弯。

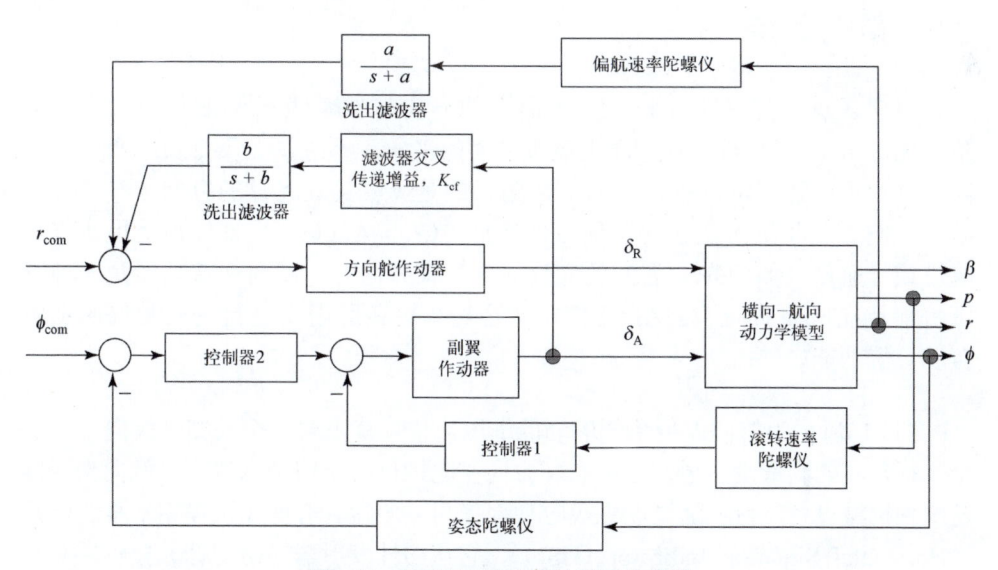

图3.15 利用ARI的协调转弯系统框图

滚转角指令是转弯速率和转弯半径的函数。在协调转弯中,偏流角速率由以下公式给出:

$$R = \frac{g\sin\phi}{V} \tag{3.37}$$

若这个等式不成立,则飞机就会下降或侧滑,而这两种情况都是不可取的。在这种情况下,误差信号为

$$e_{ss} = K_c\left(R - \frac{g\sin\phi}{V}\right) \tag{3.38}$$

式中，K_c是转换系数。对小滚转角，使用小扰动理论可将式（3.37）线性化（$\sin\phi = \phi$）。因此，偏流角速率的指令信号可以取为

$$R = \frac{g}{V}\phi = K_{cf}\phi \tag{3.39}$$

这种到方向舵通道的交叉传递会产生相位补偿，进而增大荷兰滚阻尼。采用交叉传递的AFCS时，如果任何反馈回路发生故障，飞机的飞行品质将显著恶化。对于这种情况，建议立即断开AFCS（切断滚转角信号至方向舵的传输）。设计ARI时，需设计两个控制器，并且确定交叉传递增益使阶跃响应达标，以使阶跃响应令人满意，进而实现有效转弯机动。

3.8 航向保持

航向（ψ）定义为飞机在xy平面上的方向与参考线（如正北）之间的夹角。侧滑角是飞机x轴与xy平面上航迹之间的夹角。不过，在飞行员术语中，航向一词用于描述飞机的指向，而航迹角指的是飞机实际飞行的方向与参考线的夹角。航迹角和航向之间的差称为偏流角（Crab Angle）。方位角是指北方与航迹或导航站（如VOR）之间的夹角（顺时针方向）。航向保持功能是一种将飞机保持在所需航向上的AFCS模式，这是军用和民用飞机自动驾驶仪的重要自动导航功能之一。

图3.16所示为航向保持系统的功能框图。该系统需要一个反馈（航向），这个飞行参数的测量设备通常是姿态（方向）陀螺仪（航向指示器）。航向指示器是一种机械设备，旨在通过陀螺仪方便地使用磁罗盘。有些飞机使用水平指示器（Horizontal Situation Indicator, HSI），它从磁性发射器（磁力计）接收磁北基准信号。此外，磁罗盘或GPS设备将给出一个参考指令（ψ_{ref}）。AFCS需具备无线电航向道跟踪能力，自动修正侧风影响。。

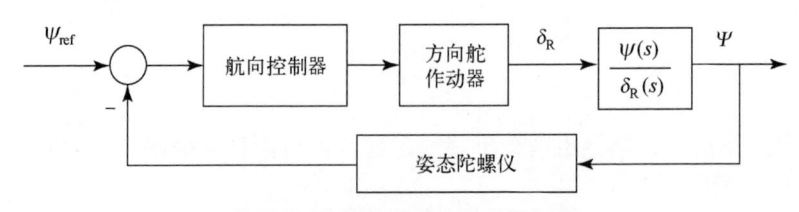

图3.16 航向保持系统的功能框图

航向-方向舵偏转的传递函数$\psi(s)/\delta_R(s)$是标准的航向控制器传递函数，可

在飞行动力学教材中找到，如参考文献[1]和[2]。方向舵作动器可用一阶传递函数建模。

航向-方向舵偏转的传递函数是一个五阶特征方程：

$$\frac{\psi(s)}{\delta_R(s)} = \frac{b_2 s^2 + b_1 s + b_0}{s(a_4 s^4 + a_3 s^3 + a_2 s^2 + a_1 s + a_0)} \tag{3.40}$$

通过扩展横向状态空间模型，可得出分子和分母系数的表达式。不过，利用近似偏航力矩方程，可得由如下二阶特征方程[1]表示的传递函数：

$$\frac{\psi(s)}{\delta_R(s)} = \frac{N_{\delta_R}}{s^2 - sN_r + N_\beta} \tag{3.41}$$

式中，N_r和N_β是带量纲的偏航稳定性导数，N_{δ_R}是带量纲的偏航控制导数。

大多数飞机都具有很强的偏航-滚转耦合，因此在设计航向保持系统时还应引入滚转角-副翼偏转反馈。要改变航向，就要建立并保持一定的滚转角，直到获得所需的航向。因此，在航向保持模式中，滚转角控制回路被用作内回路。

在协调转弯中，线速度（空速V）和角速度（偏流角速率$\dot{\psi}$）通过转弯半径相关联：

$$V = R\dot{\psi} \tag{3.42}$$

转弯半径与滚转角的函数关系为

$$R = \frac{V^2}{g\tan\phi} \tag{3.43}$$

从式（3.42）和式（3.43）中消除转弯半径，可得相应的转弯速率为

$$\dot{\psi} = \frac{g\tan\phi}{V} \tag{3.44}$$

将上式线性化（$\tan\phi = \phi$）并进行拉普拉斯变换，可得以下传递函数：

$$\frac{\psi(s)}{\phi(s)} = \frac{g}{sV} \tag{3.45}$$

该传递函数应用于外回路的前向通路。图3.12中的滚转角控制回路应作为图3.16所示航向保持系统的内回路。结果是一个具有内回路和外回路的控

制系统，如图3.17所示。垂直陀螺仪用于测量滚转角，航向陀螺仪用于航向参考。

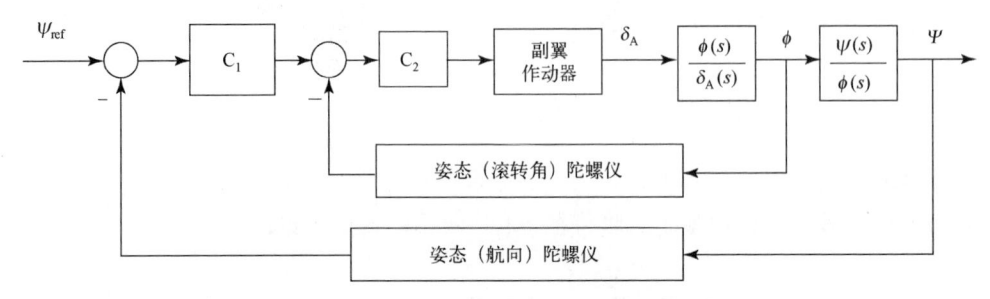

图3.17 带有滚转角内回路的偏流角保持模式框图

C_1是外回路（航向）控制器，C_2是内回路（滚转角）控制器。同时设计两个控制器是为了获得理想的偏航性能并满足飞行品质。前面式（3.16）给出了滚转角-副翼偏转传递函数$\phi(s)/\delta_A(s)$。

这是控制偏流角的一种技术，还有其他方法可以保持这一角度（将飞机保持在所需的航向上），有兴趣的读者可自行探索其他方法。例如，转向新航向可用航向控制设备来完成，该设备断开原航向基准并发出偏流角速率指令。转弯完成后，偏流角速率指令将变为零，新航向自动重获基准锁定。

航向误差-偏航速率指令会导致偏流角速率指令过高，超出飞机机动性（如结构）限制。为避免这种结果，必须在控制系统中设置一个限幅电路（饱和电路）。最大允许偏航速率指令受最大空速、最大加速度和最大允许过载系数等参数的限制。

在巡航飞行中，可将罗盘或GPS作为参考指令生成器（重置参考航向）。回顾可知，因为罗盘的磁北对齐的是地球磁场，因此罗盘的磁北与地理北之间的夹角固定。正北和磁北之间的差被称为磁偏角/磁差（Magnetic Declination/ Magnetic Deviation）。

不过，在着陆进近时，强烈建议使用罗盘航向而非GPS航向。机场跑道是根据磁北而非地理北极指定的。跑道用01（表示10°）和36（表示360°）之间的数字命名，该数字表示跑道的磁航向，单位为十度。因此，若飞机准备降落在标记为22的跑道（见图3.18），则机头应对准罗盘指示的220°方向。在这种着陆条件下，GPS显示的航向可能为204°或235°。

图3.18　22号跑道和飞机航向

3.9　垂直速度保持

任何从起飞到降落的常规飞行都应该至少包括一次爬升和一次下降。AFCS的垂直速度保持模式旨在通过保持所需的垂直速度（V/S或VS）来自动控制爬升和下降。当空中交通管制（Air Traffic Control，ATC）要求飞行员在爬升或下降时保持指定的空速时，该模式尤为实用。起飞后，垂直速度模式可以保持垂直速度，直到达到目标高度。自动驾驶仪在爬升至接近指定巡航高度时，常采用此模式。另一个应用场景是在飞行高度变化（Flight Level Change，FLC）模式下，该模式控制俯仰角和空速，保持恒定的指示空速。在巡航阶段，可以命令或说AFCS模式启动固定速率的爬升/下降，以避开巡航阶段的恶劣天气。一般来说，巡航后的下降坡度会比进近下滑道的下降更为平缓。

图3.19所示为基本垂直速度保持系统框图。控制系统主要有一个指令输入（VS_{com}）、两个控制变量（升降舵δ_E和发动机油门δ_T）、两个输出（地速V和爬升/下降角γ），以及一个反馈信号。

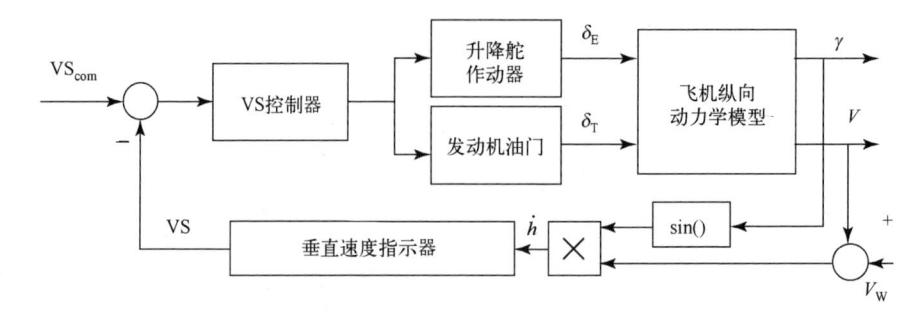

图3.19　基本垂直速度保持系统框图

升降舵和发动机油门同时影响空速和爬升/下降角。没有风（逆风或顺风）时，空速与地速相同。风速会影响飞机相对于地面的速度，即地速（V_G），但不会影响飞机相对于空气的速度（V 或 V_A）：

$$V_G = V_A \pm V_W \tag{3.46}$$

式中，V_A 是空速，V_W 是风速。风速在框图中以附加噪声的形式显示（框图模型中）。当测量静压变化时，垂直速度指示器（Vertical Speed Indicator，VSI）的测量值包括风速的影响。

垂直速度是爬升率（$+\dot{h}$）或下降率（$-\dot{h}$）的测量值，是飞机地速 V 和爬升/下降角（γ）的函数（见图3.5）：

$$VS = V \sin \gamma \tag{3.47}$$

第4章中将介绍俯仰角到升降舵偏转角的传递函数 $\gamma(s)/\delta_E(s)$、空速到升降舵偏转角的传递函数 $V(s)/\delta_E(s)$ 和空速到油门设置值的传递函数 $V(s)/\delta_T(s)$。测量设备VSI可用一阶传递函数建模：

$$H(s) = \frac{K_{VSI}}{\tau s + 1} \tag{3.48}$$

式中，时间常数 τ 约为1s。常数 K_{VSI} 是VSI配置函数，它将静压变化转换为输出信号（机械或电子）。

垂直速度指示器（VSI）是一种用于测量高度变化率的仪表。这种设备还有以下常用名称：①升降速度表；②爬升率和下降率指示器；③爬升率指示器；④垂直速度指示器；⑤垂直速率指示器。VSI通过检测高度变化时的大气压（静压）变化来测量高度变化率。VSI通常连接至机身侧面静压孔或空速管静压端口。现代高精度电子气压传感器可以提供数字化的静压数据。

3.10 习题

1. 列举闭环控制系统的四种功能。
2. 至少列出姿态控制系统的三种纵向保持功能。
3. 至少列出姿态控制系统的三种横向保持功能。
4. 列出巡航过程中升力持续下降的三种可能方案。
5. 在保持高度、保持升力系数的巡航飞行中，降低飞行速度的主要方法是什么？
6. 在保持空速、保持升力系数的巡航飞行中，增大高度的主要方法是什么？
7. 在高度恒定、速度恒度的巡航飞行中，减小迎角的主要方法是什么？
8. 简要描述巡航爬升飞行的特点。在这种飞行中，什么变量保持不变？
9. 简要介绍垂直陀螺仪的特点。
10. 绘制俯仰姿态保持控制系统的功能框图。
11. 描述升降舵作动器的模型。
12. 俯仰姿态保持控制系统的主要目标是什么？
13. 绘制带两个反馈回路的俯仰角控制系统框图。
14. 高度控制系统的典型测量装置是什么？
15. 绘制高度控制系统框图。
16. 说出高度控制系统的主要组成。
17. 定义俯仰轨迹角。
18. 解释如何通过垂直加速度确定高度。
19. 利用升降舵绘制马赫数保持模式框图。
20. 发动机推力到油门设置值传递函数的典型形式是什么？
21. 推导空速到油门设置值传递函数。
22. 绘制使用自动油门的马赫数保持模式框图。
23. 绘制使用自动油门和升降舵的马赫数保持模式框图。
24. 绘制带内回路的AFCS马赫数保持模式框图。
25. 什么是Tuck导数？
26. 航空史上最早的自动驾驶仪模式是什么？
27. 什么是单轴自动驾驶仪？
28. 塞斯纳172S Skyhawk SP有自动驾驶仪功能吗？
29. 绘制基本滚转角控制系统框图。
30. 给出滚转角到副翼偏转角的传递函数的近似值。
31. 绘制带两个反馈信号的滚转角控制系统框图。
32. 比较同时使用滚转角速率反馈和滚转角反馈与仅使用滚转角反馈回路时AFCS保持模式的功能差异。

33. 定义协调转弯。
34. 侧滑转弯和倾斜转弯有什么区别？
35. 协调转弯的优点是什么？
36. 定义过载系数。
37. 在协调转弯过程中，哪些变量保持不变？
38. 在协调转弯过程中，希望哪个变量为零？
39. 绘制基本转弯协调仪的框图。
40. 什么控制导数影响偏流角速率到方向舵偏转角的传递函数？
41. 哪些稳定性导数影响横向加速度到方向舵偏转角的传递函数？
42. 定义航向。
43. 定义偏流角。
44. 绘制基本偏流角保持系统的框图。
45. 基本偏流角保持系统的控制输入和测量装置是什么？
46. 哪些稳定导数会影响偏流角到舵偏转角的传递函数？
47. 绘制带有滚转角内回路的偏流角保持模式框图。
48. 什么是磁偏角？
49. 编码为22的跑道的航向是什么？
50. 绘制基本垂直速度保持系统的框图。
51. 描述飞机垂直速度如何受风速影响。
52. 描述垂直速度测量装置的机制。
53. 垂直速度指示器的其他名称是什么？
54. 在巡航飞行中，常用什么部件来改变空速？
55. 在巡航飞行中，什么部件常用于改变迎角/俯仰角？
56. 在巡航飞行中，常用什么部件来改变高度？
57. 说出测量俯仰角速率的典型装置。
58. 简要描述推导空速到油门设置值的传递函数的技术。
59. 在滚转角到副翼偏转角的传递函数分母中，s项的含义是什么？

第 4 章 航迹控制系统

4.1 引言

通常情况下，闭环（负反馈）控制系统可以提供四个功能：①控制；②跟踪；③稳定；④改善系统性能。控制功能被称为保持功能（Hold function），这样的系统称为姿态控制系统（Attitude Control System）（见第 3 章）。跟踪功能被称为导航功能（Navigation Function），这样的系统被称为航迹控制系统（Flight Path Control System），这里，负反馈主要用来使航迹始终跟踪（跟随）飞机的变化指令。

控制理论主要用来跟随非零基准指令信号（跟踪一个控制指令），而不是我们在前一章讨论的控制某个状态趋于零（保持功能）。航迹可通过与基准轨迹的反馈比较来跟踪和控制，而基准轨迹可以是预先计算好的，也可以是实时轨迹生成系统实时生成的。因此，航迹控制系统除飞行控制系统外还包括以下三个系统：①轨迹生成系统；②导航系统；③引导系统。

轨迹生成系统不断生成新的基准轨迹指令，导航系统则测量飞机在任何时刻的位置坐标，引导系统将当前坐标与期望坐标进行比较，生成引导指令并送给飞行控制系统，飞行控制系统通过控制飞机控制面和发动机油门进行航迹控制。在一些教材（如参考文献[2]）和飞行术语中，航迹控制系统常被称为自动飞行控制系统的导航功能（Navigation Function）。

导航功能用于跟随预先编制的航迹。自动驾驶仪的飞行指引功能是控制飞机，使航向偏差指示器（Course Deviation Indicator, CDI）指针居中。CDI 用于确定飞机相对于无线电导航信标航线的侧向位置。

理论上，导航可用来确定运动物体的位置、方向和速度。具体地说，导航主要研究运动物体从一个地方移动到另一个地方的过程。飞机导航系统是确定空中飞机相对于某个参考系（如海平面）位置的系统。自动飞行控制系统的导航功能就是控制航迹的控制模式。因此，导航功能的另一个术语是航迹控制系统。如图 4.1 所示，在导航模式下，要求飞机从航迹点 1 (x_1, y_1, z_1) 飞行到航迹点 2 (x_2, y_2, z_2)。

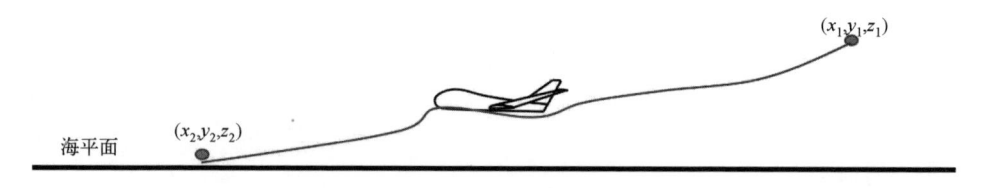

图 4.1 导航功能（跟踪指令轨迹）

导航功能有两组控制模式：纵向导航和横向-航向导航。纵向导航模式主要有七种：巡航控制；自动飞行高度控制；地形跟随；自动爬升和下降；自动拉平控制；下滑道跟踪；自动着陆。横向-航向导航模式主要有以下几种：进近航向信标跟踪；甚高频全向信标（VHF Omnidirectional Range，VOR）保持；航向保持；跟踪航迹点；转弯协调。图 4.2 显示了自动飞行控制系统导航模式分系统。

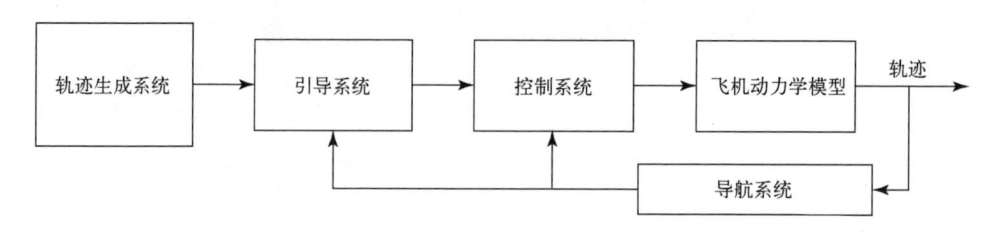

图 4.2 自动飞行控制系统导航模式分系统

VOR 是飞机上的一种无线电导航系统。VOR 站发射 VHF 无线电信号，机载 VOR 接收器得出飞机相对于导航台的径向方位（飞机的磁方位），飞行员利用这些信息来确定飞机的位置，并且导航飞机前往目的地。两组导航控制模式如表 4.1 所示。

表 4.1 两组导航控制模式

序 号	A. 纵向	B. 横向-航向
1	巡航控制	进近航向信标跟踪
2	自动飞行高度控制	VOR 保持
3	地形跟随	航向保持
4	自动爬升和下降	跟踪航迹点

续表

序　号	A. 纵向	B. 横向-航向
5	自动拉平控制	转弯协调
6	下滑道跟踪	
7	自动着陆	

　　自动驾驶仪的所有控制模式通常都可在主飞行显示器中选择。图 4.3 所示为波音 737 MAX 8 的主飞行显示画面。可以看出，在模式控制面板（Mode Control Panel，MCP）中，高度保持（ALT HOLD）和横向导航（LNAV）功能已接通。

　　航迹控制系统至少应该包括一个控制器。控制器的设计最终应通过飞机动力学仿真验证。本章主要讨论七个纵向和五个横向-航向 AFCS 导航功能。

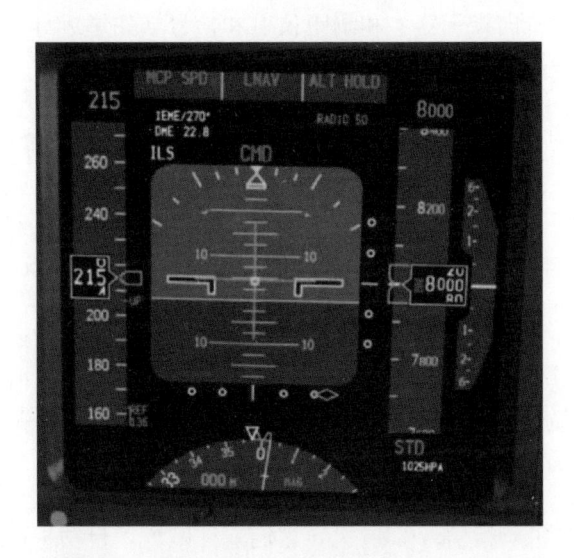

图 4.3　波音 737 MAX 8 的主飞行显示画面

4.2　着陆操纵过程

　　着陆操纵很复杂，因此首先简要描述着陆的各个阶段及相关机场设备。着陆是正常飞行的最后一个阶段，它将飞机从空中降落至地面。从巡航高度下降后，着陆是最后的飞行操作。着陆操纵始于进近，然后是拉平、滑跑，最终通过刹车结束。着陆操纵分为几个不同的阶段[13]：进近（航向校正阶段）、进近（下滑道校正阶段）、拉平、接地、放下前轮、滑跑、减速。进近控制得当可以确保飞行速度适当，下降速率足够慢，航迹在接地区内结束。降落后，飞机将滑行至预定的登机口以卸载货物或乘客。

拉平是进近的最后部分，它使得机身头部抬起，飞机具有大迎角。此刻，飞机的速度约为失速速度（V_s）的 1.3 倍。在这个阶段，随着速度的降低，飞机与跑道之间的高度逐渐降低，直到主起落架接地，这个降落过程完全是在空中进行的。

机场可按照不同的方面进行分类，包括跑道长度、进近仪表类型、是否有空中交通管制塔。按进近仪表类型分类时，有两种机场：一种是装备有仪表着陆系统（Instrument Landing System，ILS）的机场，另一种是没有 ILS 的机场。

装备有 ILS 的机场配备了许多设备［如航向信标台、下滑信标台、指点信标、罗盘定位器（航向指示器）和测距仪］和信号（如进近灯、接地点、中心线灯、跑道灯）。

ILS 向进近飞机提供三组信息：①引导信息（通过航向台和下滑台）；②范围信息（通过外指点标和中指点标信标）；③视觉信息（通过进近灯、接地点和中心线灯、跑道灯）。在有 ILS 的机场，进近飞机应检测到航向台无线电信号，并根据信号调整航向。4.3 节将具体介绍进近航向信标控制系统。

在未配备 ILS 的机场，进近飞机应根据磁航向（飞行员应确保航向指示器指针居中）来调整其航向，以与跑道方向一致。机场跑道以磁北而非地理北为参考。机场跑道的航向（使用两位数字）在航空图表中发布。例如，试图在标有 22 的跑道上着陆的飞机，应将机身头部对准罗盘 220°方向。

ILS 向进近飞机广播信号[13]，引导它们前往跑道。自动进近通常通过两个机场设备的帮助来完成：航向台（航向信标发射器）和下滑台（下滑信标发射器）。这两个设备形成了自动着陆的水平（方向）和纵向引导系统。航向台发射 VHF 信号进行横向引导，下滑台发射 UHF 信号进行垂直引导。自动着陆进近的方法有很多。

航向台（ILS 的水平部分）是一种用于控制飞机沿跑道轴线的航向导航设备，是一个带有水平天线阵列的发射器，位于跑道的对面端，飞机通过接收天线接收广播信号。图 4.4 显示了机场上的两个发射器是如何向进近飞机发射两个波束来确定跑道中心线的。

下滑台（ILS 的垂直部分）通过发射一束无线电波来定义一条下滑道，以帮助飞机以期望的下滑角进近。无线电波从跑道的进近端向上延伸 2.25°～3.5°。当信号被接收时，进近飞机十字指针指示器的水平针会显示飞机是位于下滑道上方、下方还是位于下滑道上。

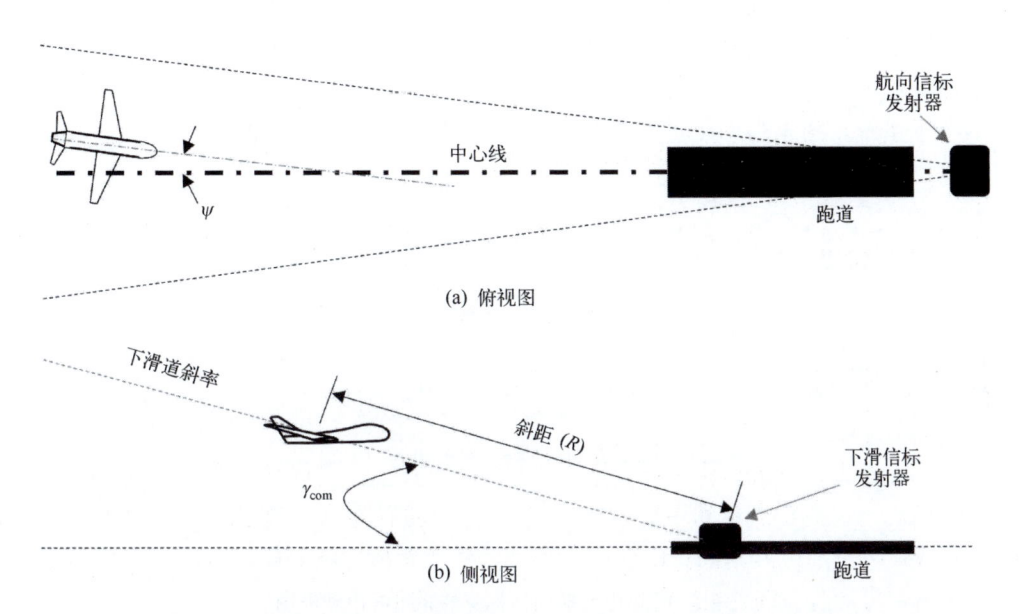

(a) 俯视图

(b) 侧视图

图 4.4　机场上的两个发射器是如何向进近飞机发射两个波束来确定跑道中心线的

自动着陆系统将帮助飞机实现盲降。自动着陆进近的方法很多。装备有 GPS 的飞机可被引导沿着一定的航迹对准跑道，而无须航向台和下滑台。

4.3　进近航向信标跟踪

从初始进近开始到拉平段，或者可以进行目视着陆的点，飞机需要进行一系列操纵。在配备有 ILS 的机场中，进近的飞机应该检测到机场航向信标（ILS 的水平分量）信号，并根据航向信标信号调整航向。机场 ILS 向世近的飞机广播信号，引导它们进入跑道。航向信标信息和 VOR 信息显示在同一个指示器上。

飞机航向与航向信标信号之间的夹角［图 4.4(a)中的 ψ］应小于 30°，才能启动自动着陆航向信标跟踪模式。飞机机载接收器捕获航向信标信号后，才能启动自动驾驶仪自动着陆模式。自动飞行控制系统（AFCS）利用从地面向上发射的无线电波提供的方位信息，使飞机与跑道对齐。

进近飞机必须配备两套航向信标和下滑信标接收器，以便能够接收两束无线电波。进近操作的一个重要部分是自动飞行控制系统的进近航向信标保持模式，该模式由航向指令系统和水平指引系统实现。进近航向信标保持模式属于 AFCS 的横航向导航功能类别。

基准指令由拦截波束和航向信标台动态控制。保持模式将产生指令，直到航向信标偏差角为零（$\lambda = 0$），且飞机已建立在航向信标上。航向信标保持模式有多个子系统，图 4.5 所示为着陆进近航向信标保持系统的原理框图。

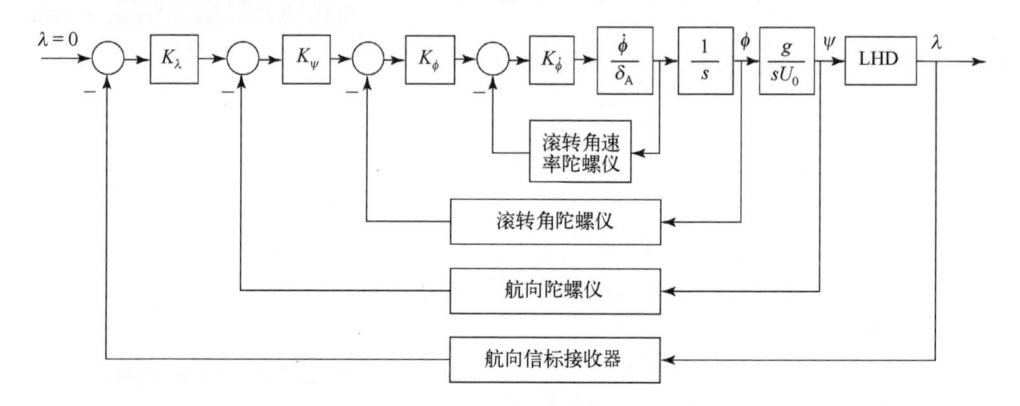

图 4.5　着陆进近航向信标保持系统的原理框图

为获得理想的控制效果，通常控制三个控制面（副翼、升降舵和方向舵）。在航向信标保持模式中，主要的控制面是副翼。方向舵作为辅助交联控制面，用来保持转弯协调，升降舵用来调整俯仰角。为简单起见，方向舵和升降舵的连接未在框图中显示。航向信标保持模式利用飞机当前的航向（ψ）和航向信标偏差角（λ）来产生一个基准航向角（ψ_{ref}）。

航向信标偏差角 λ 是根据飞机水平距离（d）和斜距（R）来确定的：

$$\lambda = 57.3 \frac{d}{R} \tag{4.1}$$

s 域中的距离 d 是通过其变化率的积分来确定的：

$$d(s) = \frac{1}{s} \dot{d}(s) \tag{4.2}$$

式中，

$$\dot{d} = U_0 \sin(\psi - \psi_{\text{ref}}) \approx U_0 (\psi - \psi_{\text{ref}}) \tag{4.3}$$

因此，

$$d(s) \approx \frac{U_0}{s}(\psi(s) - \psi_{\text{ref}}(s)) \qquad (4.4)$$

这个方程被用来推导航向信标保持动力学模型（如传递函数）。控制系统设计者的任务是确定四个增益值（$K_\lambda, K_\psi, K_\phi, K_{\dot\phi}$），以满足航向信标保持模式自动着陆的要求。

4.4 进近下滑道保持

航向信标保持模式控制飞机航向后，接下来需要同时控制两个飞行参数：下滑角（γ）和高度（h）。AFCS 根据期望的下滑道自动下滑。在下滑道保持模式中，俯仰角控制系统和空速控制系统处于活动状态。下滑道捕获不能在航向捕获之前发生。下滑道可以从波束的上方或下方捕获。当下滑道捕获指示灯亮时，先前的俯仰模式应当被解除。当这个阶段结束时，如果能见度好，就能看到跑道。

进近飞机必须装备下滑信标接收器才能接收来自机场发射器的入射波束（或下滑道指示器）。AFCS 应使用下滑角约为 2.5° 的无线电波。通常建议的下滑角为 2.5°~3.5°。然而，某些机场由于地形、建筑物、山脉或其他位置因素，进近下滑角更陡。下滑道通常必须在约 3000ft 的高度截获，且飞机将以约 $1.3V_s$ 的空速下降。

在这一进近阶段，飞机发动机处于怠速状态，所以这一飞行阶段可被称为滑翔（Glide）。俯仰控制系统用来将飞机保持在期望的下滑道上［见图 4.4(b)］。控制下滑（实际上是滑翔）角的主要控制面是升降舵。进近下滑道保持模式属于 AFCS 的纵向导航功能类别。

飞机装备迎角（α）传感器后，控制系统与俯仰姿态控制系统（见图 3.2）就非常相似；飞机装备 GPS 且 GPS 信号可用时，GPS 系统将根据飞机坐标直接计算（见图 4.6）飞机下滑角（γ）。

若飞机未装备测量迎角的传感器，则需要测量俯仰角（θ）的俯仰姿态陀螺仪，图 4.7 所示为一架飞机在下滑道发射器引导下以空速 V 和下滑角 γ 接近机场。飞机下滑角保持的目标是引导和控制飞机沿着期望的下滑道着陆。

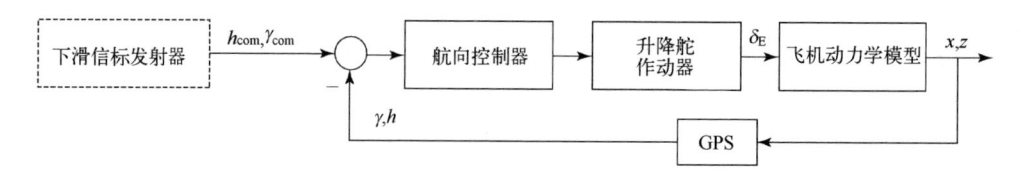

```
下滑信标发射器 → h_com,γ_com → ○ → 航向控制器 → 升降舵作动器 → δ_E → 飞机动力学模型 → x,z
                               ↑ γ,h
                               ← GPS ←
```

图 4.6　GPS 可用时的下滑道保持系统框图

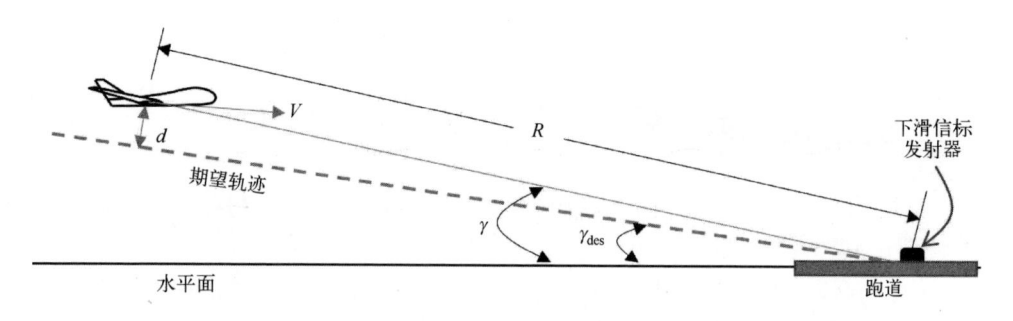

图 4.7　一架飞机在下滑道发射器引导下以空速 V 和下滑坡度 γ 接近机场

为了控制下滑轨迹，必须同时控制俯仰角（θ）和迎角（α）。这两个参数都通过偏转升降舵来控制。为了构建下滑角保持系统的框图，应该得出四个传递函数，即 $\Gamma(s)/d(s), d(s)/\gamma(s), \gamma(s)/\theta(s)$ 和 $\theta(s)/\theta_{com}(s)$。

下滑信标发射器以期望的下滑角 γ_{des} 广播一束无线电信号（飞机的基准输入信号）。根据图 4.7 所示的三角几何学，距离 d 和斜距 R 的关系为

$$\tan \Gamma = \frac{d}{R} \tag{4.5}$$

式中，Γ 是角度偏差或下滑角差。注意，Γ 是期望下滑角和飞机实际下滑角之间的偏差，即

$$\Gamma = \gamma_{des} - \gamma \tag{4.6}$$

若机载 AFCS 设备可以测量与机场发射器发射波束的角度偏差（Γ）和斜距 R，则可利用式（4.5）计算飞机与下滑道的垂直偏移（下滑道偏差 d）。为控制下滑高度，飞机重心到下滑道的瞬时距离（d）必须控制为零。因此，换句话说，下滑信标保持系统中的基准指令是

$$\Gamma_{ref} = 0$$

由于 Γ 非常小（小于 5°），式（4.5）可以线性化为

$$\Gamma = \frac{d}{R} \tag{4.7}$$

拉普拉斯变换得

$$\Gamma(s) = \frac{d(s)}{R} \tag{4.8}$$

于是有

$$\frac{\Gamma(s)}{d(s)} = \frac{1}{R} \tag{4.9}$$

飞机接近期望下滑道的速度是飞机空速（V）的一个分量：

$$\dot{d} = V\sin(\gamma_{\text{des}} \pm \gamma) \tag{4.10}$$

应控制飞机使下滑偏差 d 趋于零。假定飞机以恒定空速 V 接近跑道。在式（4.9）中，±号是为了涵盖两种情况：①当飞机在期望下滑道之上为负时；②当飞机在期望下滑道之下为正时。角度 $\gamma_{\text{des}} \pm \gamma$ 通常很小，因此式（4.10）可被线性化为

$$\dot{d} = V(\gamma_{\text{des}} \pm \gamma) \tag{4.11}$$

拉普拉斯变换得

$$sd = V(\gamma_{\text{des}}(s) \pm \gamma(s)) \tag{4.12}$$

于是有

$$\frac{d(s)}{\gamma(s)} = \frac{V}{s} \tag{4.13}$$

注意，上面的传递函数中没有 γ_{des}，但在框图中被添加为第二个输入。

由下滑角、俯仰角和迎角之间的关系（$\theta = \gamma + \alpha$）可得到下滑角和俯仰角之间的传递函数 $\gamma(s)/\theta(s)$。应用拉普拉斯变换，并将该关系的两侧都除以 $\theta(s)$，得

$$\frac{\gamma(s)}{\theta(s)} = 1 - \frac{\alpha(s)/\delta_E(s)}{\theta(s)/\delta_E(s)} = 1 - \frac{\alpha(s)}{\delta_E(s)} \frac{\delta_E(s)}{\theta(s)} \tag{4.14}$$

传递函数 $\alpha(s)/\delta_E(s)$ 和 $\theta(s)/\delta_E(s)$ 见第 3 章中的式（3.3）和式（3.9）。替换这两个传递函数并进行一些推导后得

$$\frac{\gamma(s)}{\theta(s)} = 1 - \frac{Z_{\delta_E}s + M_{\delta_E}(U_1 + Z_q) - M_q Z_{\delta_E}}{(M_{\delta_E}U_1 + Z_{\delta_E}M_{\dot{\alpha}})s + M_{\alpha}Z_{\delta_E} - Z_{\alpha}M_{\delta_E}} \tag{4.15}$$

最后，利用第 3 章图 3.2 所示俯仰角控制系统框图中的传递函数，可得传递函数 $\theta(s)/\theta_{com}$。俯仰角控制系统是下滑信标保持系统的内环。这个内环包含一个控制器，必须在下滑信标保持系统设计过程中进行设计。联立以上传递函数，可得下滑信标保持系统的框图如图 4.8 所示。

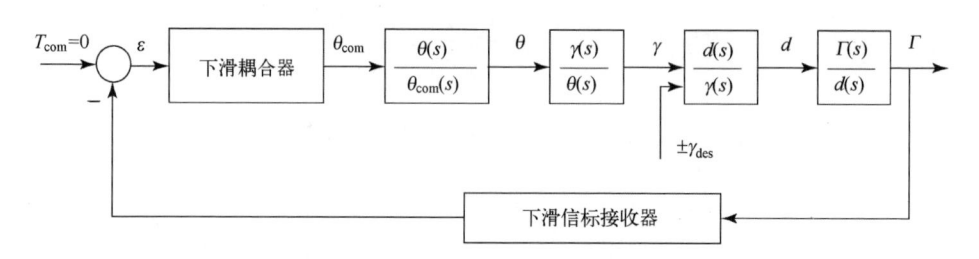

图 4.8 下滑信标保持系统的框图

下滑耦合器的功能是处理下滑角误差信号（$\varepsilon = \Gamma_{com} - \Gamma$），为俯仰角控制系统产生输入。注意，下滑角和俯仰角的单位在传递函数中都为弧度。此外，下滑角必须为负值。

控制系统设计师所面临的挑战是设计姿态控制系统的控制器和设计下滑耦合器。典型的耦合器具有比例-积分（PI）传递函数。

下滑信标接收器是控制系统的测量设备，用于检测和测量期望的下滑道，并生成下滑角误差。当飞机下滑角发生变化时，机载接收器感知下滑道偏差并反馈给耦合器。下滑道接收器可以建模为纯增益或一阶系统。

为了提高耦合器的效率，飞机可以配备距离测量设备以测量斜距（R）。耦合器增益为斜距的函数，以使耦合器更具鲁棒性。这将使得进近飞行品质更优，飞行更平稳，负载因子更低。另一个原因是拥有可控的着陆点和可接受的着陆速率，这有助于着陆装置不被损坏。

图 4.9 所示为两种可能的进近轨迹：平滑和振荡。下滑引导控制系统（包括控制器）的设计应使飞机实现平稳进近。控制目标是通过增大/减小下降速率来保持所期望的下滑角。注意，在着陆之前，飞机会抬头以增大迎角（减小下降速率）。自动拉平模式将在 4.5 节中介绍。

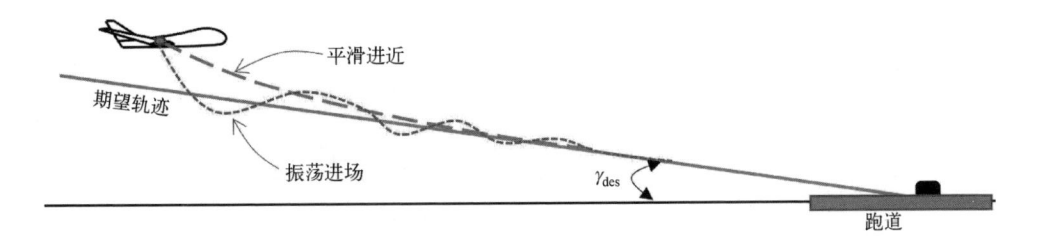

图 4.9　两种可能的进近轨迹

4.5　自动拉平控制

进近着陆的最后阶段是从下滑过渡到着陆的过程，通常称为拉平（Flare）。着陆拉平是从最后进近到跑道上着陆的过渡阶段。AFCS 控制航向角（航向保持模式）和下滑角（下滑道保持模式）后，就进入拉平阶段，这发生在着陆之前。航向保持模式使飞机与跑道保持对齐（初始进近阶段），而下滑道保持模式使飞机沿期望的下滑道下滑（中间进近阶段）。当下滑道保持阶段结束时，切换到另一个控制系统，即自动拉平控制系统。当拉平开始时，如果能见度良好，就能看见跑道。对于运输机，通常在 50ft 的高度拉平，在 27ft 的高度减速。

当拉平操作不正确时，可能导致硬着陆，进而导致起落架损坏、撞击尾部或超出跑道。此外，当拉平操作控制不正确时，可能会发生以下一些情况：着陆时水平速度过快；着陆时下降速度过快；过于激烈的俯仰角变化可能导致飞机拉飘。

在拉平过程中，会放下起落架，调整襟翼以适应着陆条件。在拉平过程中（最后进近阶段），飞机机头被抬起（俯仰上升），以减缓下降速率，并且为着陆设置适当的姿势。因此，着陆时，具有三点式起落架的飞机的迎角较大。图 4.10 说明了拉平过程的轨迹，包括拉平的起点和终点以及典型的航迹。拉平操作从拉平高度 h_{flare} 或 h_f 开始，该高度由 FAA 规定。此外，FAA 规定了着陆点到下滑信标发射器的距离（如对运输机为 1100ft）。在拉平过程中，假设空速保持不变，而高度按指数函数下降到零。

自动拉平控制系统使飞机的高度降为零，并以可接受的下降速率着陆。如果没有执行拉平操作，飞机就会重重地着陆。在这种情况下，下降速率过高，可能对乘客、飞机结构或起落架造成伤害。着陆时的下降速率建议控制在 2ft/s 以下。

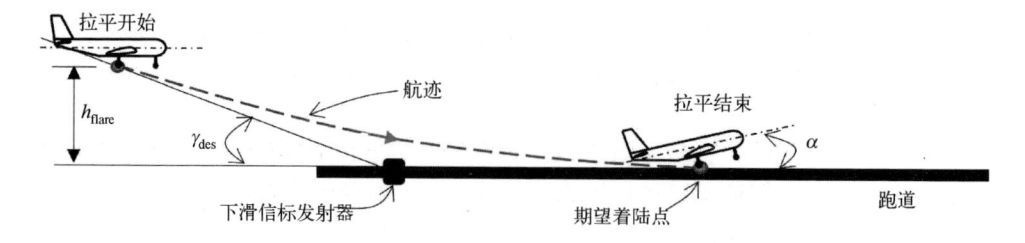

图 4.10 拉平过程的轨迹

当拉平过高时，飞机可能失速。然而，这并不危险，因为当飞机失速时，它应该只离地面几英寸。因此，飞机将直接降落到跑道上。

从拉平开始到着陆结束，自动拉平控制器会指引飞机沿着指数函数轨迹飞行（见图 4.10）。具有负斜率的指数曲线数学模型为

$$h = h_0 e^{-\frac{t}{\tau}} \tag{4.16}$$

式中，h_0 是初始高度（这里是拉平高度），τ 是时间常数。若已知 τ，则可确定 h_0，因为当 $t = 0$ 时有 $h = h_0$。对式（4.16）微分得

$$\dot{h} = -\frac{h_0}{\tau} e^{-\frac{t}{\tau}} \tag{4.17}$$

当拉平开始（$t = 0$）时，

$$\dot{h}_0 = -\frac{h_0}{\tau} \Rightarrow h_0 = -\tau \dot{h}_0 \tag{4.18}$$

另一方面，下降速率是空速的分量：

$$\dot{h} = V \sin \gamma \tag{4.19}$$

因为拉平阶段的下滑角很小，所以式（4.19）可线性化为

$$\dot{h} = V \gamma \tag{4.20}$$

当拉平开始时，空速和下滑角已知，所以

$$\dot{h}_0 = V_{app} \sin \gamma_{des} \tag{4.21}$$

拉平开始时的理想下滑角推荐为 2.5°，对任何一架飞机，进近速率是已知的，因此，拉平开始时的下降速率是确定的，τ 的期望值可通过从下滑信标发射器到着

陆点的距离来得到。推荐的距离约为 1000ft。τ 的典型值为 1~2s。在拉平过程中，俯仰角和下降速率将由俯仰姿态控制系统控制，这已在第 3 章讨论。

控制拉平的方法有多种，每种方法都需要不同的控制结构。图 4.11 所示为自动拉平系统的典型框图，该系统使用俯仰姿态控制系统作为内环。下面讨论该框图的传递函数和控制器。

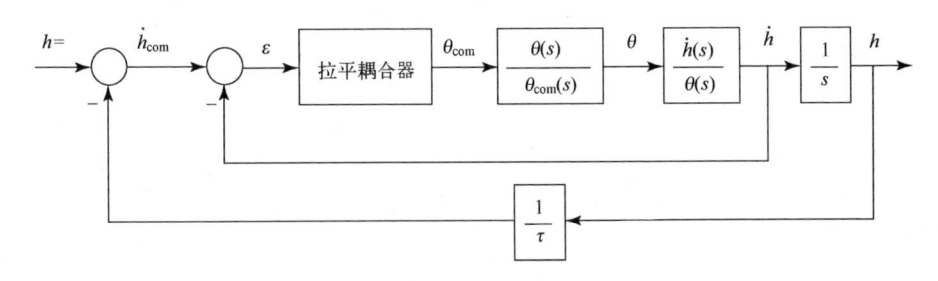

图 4.11 自动拉平系统的典型框图

在图 4.11 所示的框图中，有三个基本传递函数 [$\theta(s)/\theta_{com}(s)$，$\dot{h}(s)/\theta(s)$，$1/\tau$] 和三个控制器。传递函数 $\theta(s)/\theta_{com}(s)$ 是通过合并图 3.2 所示俯仰姿态控制系统框图中的所有传递函数得到的，$1/\tau$ 是外部反馈回路中的控制律，如式（4.16）所示。为了得到传递函数 $\dot{h}(s)/\theta(s)$，对式（4.20）做拉普拉斯变换得

$$\dot{h}(s) = \gamma(s)V \tag{4.22}$$

其中假设在拉平过程中空速（V）保持不变。上式两侧都除以 $\theta(s)$ 得

$$\frac{\dot{h}(s)}{\theta(s)} = \frac{\gamma(s)}{\theta(s)}V \tag{4.23}$$

注意，俯仰角和下滑角的单位为弧度。此外，俯仰角和下滑角都有负值。传递函数 $\gamma(s)/\theta(s)$ 已由式（4.15）给出，为方便起见，重复如下：

$$\frac{\gamma(s)}{\theta(s)} = 1 - \frac{\overline{Z}_{\delta_E}s + M_{\delta_E}(U_1+Z_q) - M_q Z_{\delta_E}}{(M_{\delta_E}U_1+Z_{\delta_E}M_{\dot{\alpha}})s + M_q Z_{\delta_E} - Z_\alpha M_{\delta_E}} \tag{4.24}$$

控制系统设计师的挑战性工作是设计俯仰控制系统的控制器并设计下滑（拉平）耦合器。下滑（拉平）耦合器的功能是处理高度偏差信号（$\varepsilon = h_{com} - h$），产生俯仰姿态控制系统的输入（$\theta_{com}$）。典型的耦合器具有比例积分（PI）传递函数。拉平期间飞机纵向动态稳定性受耦合器增益的影响较大。在原始耦合器传

函数中添加超前网络（超前-滞后补偿器）将导致耦合器灵敏度增加，防止飞机过早着陆。最终的设计目标是得到可接受的下降速率（$\dot{h}$）来产生令人满意的拉平飞行品质。

飞机配备雷达高度计后，自动拉平控制系统更简单。图 4.12 所示为使用雷达高度计的拉平控制系统框图。控制变量是下降速率（$\dot{h}$），可从雷达高度计中得到。控制指令信号（$\dot{h}_{com}$）由拉平轨迹发生器提供，AFCS 必须能够有效地跟踪该指令。

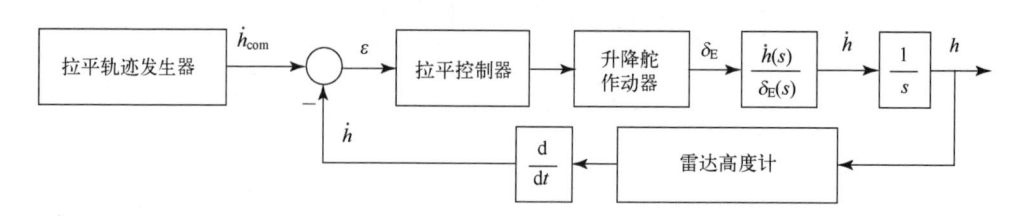

图 4.12 使用雷达高度计的拉平控制系统框图

飞机拉平纵向动力学模型（传递函数 $\dot{h}(s)/\delta_E(s)$）是通过将式（4.20）的分子和分母都除以升降舵偏转角（δ_E）推导出来的：

$$\frac{\dot{h}(s)}{\delta_E(s)} = V \frac{\gamma(s)}{\delta_E(s)} \tag{4.25}$$

式中，假设在拉平过程中空速（V）保持不变。由于俯仰角（θ）等于迎角（α）和爬升角（γ）之和，有

$$\frac{\dot{h}(s)}{\delta_E(s)} = V \left[\frac{\theta(s)}{\delta_E(s)} - \frac{\alpha(s)}{\delta_E(s)} \right] \tag{4.26}$$

俯仰角到升降舵偏转角的传递函数（$\theta(s)/\delta_E(s)$）和迎角到升降舵偏转角的传递函数（$\alpha(s)/\delta_E(s)$）已由式（3.3）和式（3.9）给出，为方便起见，重写如下：

$$\frac{\theta(s)}{\delta_E(s)} = \frac{(M_{\delta_E} U_1 + Z_{\delta_E} M_{\dot{\alpha}})s + M_\alpha Z_{\delta_E} - Z_\alpha M_{\delta_E}}{sU_1 \left\{ s^2 - \left(M_q + \frac{Z_\alpha}{U_1} + M_{\dot{\alpha}} \right)s + \left(\frac{Z_\alpha M_q}{U_1} - M_\alpha \right) \right\}} \tag{4.27}$$

$$\frac{\alpha(s)}{\delta_E(s)} = \frac{Z_{\delta_E} s + M_{\delta_E}(U_1 + Z_q) - M_q Z_{\delta_E}}{U_1 \left\{ s^2 - \left(M_q + \frac{Z_\alpha}{U_1} + M_{\dot{\alpha}} \right) s + \left(\frac{Z_\alpha M_q}{U_1} - M_\alpha \right) \right\}} \quad (4.28)$$

拉平轨迹发生器具有五个已知值：①初始下降速率（$\dot{h}_0$）；②着陆时的下降速率（$\dot{h}_{td}$）；③初始拉平高度（$\dot{h}_f$）；④着陆点的最终高度（$h_{td} = 0$）；⑤下降距离。在许多理想的下降轨迹中，有两种可接受的拉平轨迹（为距离 x 的函数），即指数函数和三次多项式：

$$\dot{h} = ax^3 + bx^2 + cx + d \quad (4.29)$$

$$\dot{h} = \dot{h}_f e^{-k_1 x} \quad (4.30)$$

式中，a, b, c, d 和 k_1 是根据期望初始高度、下降速率和下降距离的初始值确定的常数。对于初始下降速率（h_f）为 10ft/s 的运输机，当最终下降速率为 2ft/s 时，k_1 的值约为 0.0016，d 的值为 50ft/s。要确定指数滑行轨迹，就要有一个初始值（h_f）和指数方程的时间常数。高度（h）随距离（x）的指数变化是

$$h(x) = h_f e^{-k_2 x} \quad (4.31)$$

对初始高度（h_f）为 50ft、下降距离（x）为 1000ft 的运输机，k_2 约为 0.004。图 4.13 所示为拉平期间下降速率的典型可接受变化范围，图 4.14 所示为典型的拉平轨迹。

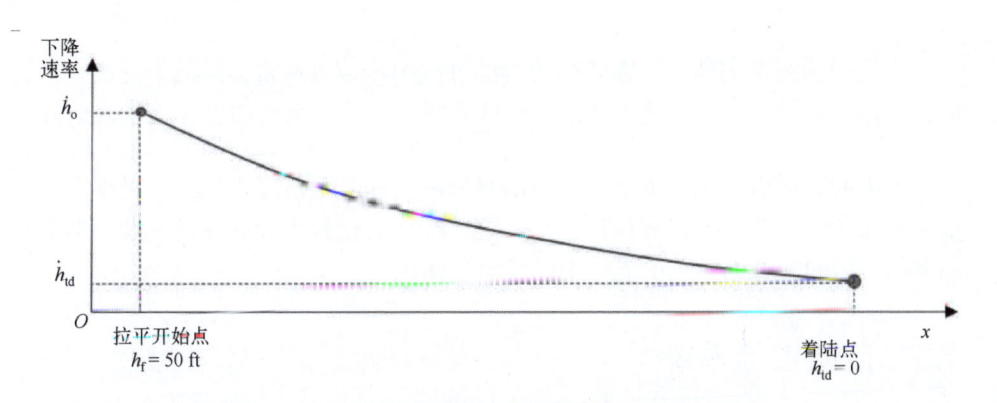

图 4.13 拉平期间下降速率的典型可接受变化范围

在进近和着陆时，可以基于运动基元（Motion Primitives，MP）方案，其中

包括整定和机动。轨迹生成部分包括 MP 类之间的过渡。所有可行的轨迹都应满足某些约束，如最优性。

拉平控制的目标是控制可接受下降速率（$\dot{h}$）来产生令人满意的飞行品质。设计拉平控制器时，升降舵的最大偏转角应在允许值范围内。该控制器是专门为自动着陆系统的拉平和着陆而设计的。为了应对湍流，建议控制器具有相对较低的增益，并使用适当的滤波器。

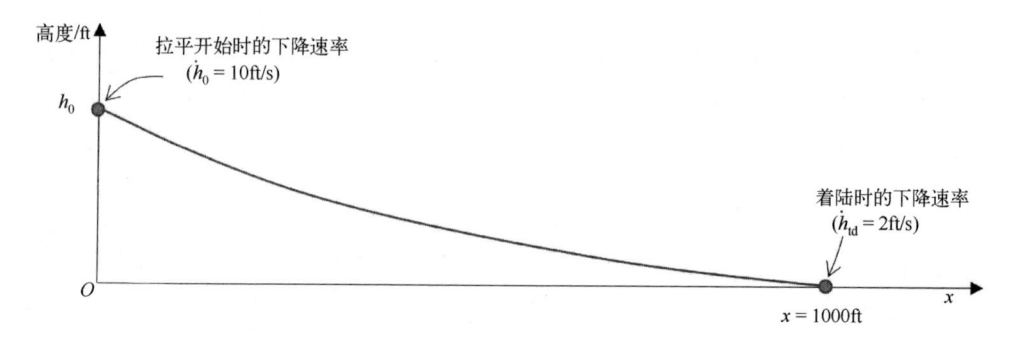

图 4.14　典型的拉平轨迹

若飞机着陆时的下降速率为 0~3ft/s，则称为软着陆（Soft Landing），这是推荐的情形。然而，若飞机着陆时的下降速率为 3~12ft/s，则称为硬着陆（Hard Landing）。从飞行品质的角度看，着陆时的这个下降速率范围是不可接受的（垂直速度超过限制）。一旦主着陆装置与跑道接触，就应立即放下前轮。

上述讨论未考虑地效，在实际的着陆过程中，地效通常会降低下降速率，进而自然地改善拉平性能。建议感兴趣的读者在拉平控制系统的设计中包含地效。

如果着陆时有侧风，那么自动着陆系统应该在着陆前修正航向，对准跑道，消除偏流角，并压杆使机翼保持水平。这些操作会使拉平控制变得复杂，但却是必要的，因为在低温季节的着陆中经常出现侧风。

4.6　自动着陆系统

长时间巡航飞行后，飞机必须下降到目的地机场。下降结束后，飞机开始着陆操作，而着陆操作始于进近。在典型的飞行中，着陆阶段占总时间的 1%~

2%。然而，在恶劣天气条件或能见度有限等条件下，控制飞机着陆轨迹是飞行员最具挑战性的任务。空/天飞机 X-37（长度为 8.9m、发射质量约为 5000kg）配备了一套自动着陆系统，可在从轨道返回时自动着陆。

自动着陆系统应该在垂直能见度为零且水平能见度非常低的情况下工作。自动驾驶仪是应对此类风险操作的合适设备。在传统的固定翼飞机中，自动控制纵向轨迹需要同时控制发动机推力和升降舵。在着陆过程中，起落架放下，襟翼偏转设置为着陆条件。

当在跑道上方拉平高度（运输机约为 50ft，通用航空飞机约为 35ft）时，AFCS 必须调整飞机的航向角，调整正确的着陆俯仰姿态，进一步减小下降速率和空速。

着陆通常分为四个主要阶段（见图 4.15）：①初始进近；②下滑信标跟踪；③拉平控制；④减速和滑行。在自动着陆过程中，尽管所有飞行参数都同时受到控制，但是建议一次只关注一个飞行变量（每个着陆阶段）。

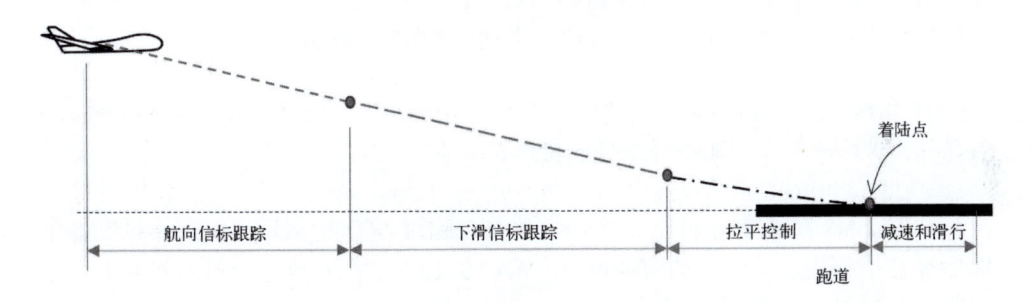

图 4.15 自动着陆过程中 AFCS 模式的四个分段

表 4.2 列出了自动着陆在各个阶段的主要控制变量。

表 4.2 自动着陆在各个阶段的主要控制变量

序号	着陆阶段	典型高度	主要变化参数	注释
1	初始进近	6.5n mile	航向角(ψ)	航向信标（VHF）引导轨迹，在空中
2	下滑信标跟踪	3500ft	下降角(γ)	下滑道信标（UHF）引导轨迹，在空中
3	拉平控制	1000ft	下降速率($\dot{h}$)	着陆时高迎角，在空中
4	减速和滑行	视情况而定	速度(V)	地面滑行

自动着陆基本上有两种情况：①使用机场 ILS；②使用 GPS 的智能跟

踪。在第一种情况下，飞机接收两个机场发射器的信号：航向信标发射器和下滑信标发射器。

在第二种情况下，飞机拥有卫星导航，这就具有许多优势[14]，包括更高的精度。基于卫星的导航系统正在成为导航基础设施的主要组成部分。该系统利用 GPS 信号确定飞机在三维空间中的坐标(x, y, z)。使用 GPS 进行着陆需要在机场安装适当的设备，为飞机配备附加设备，并在 AFCS 中修改新的算法。

配备简单面板的通用航空和区域商务飞机通常不具有自动着陆功能，自动着陆功能主要用于长途飞行的大型运输机。在没有全自动着陆功能的情况下，如果在 200ft AGL 时无法看到跑道，飞行员可能不会着陆。

经典 ILS 不能在所有天气条件下为飞机提供着陆功能。在使用 ILS 的飞机中，飞机速度通常是通过位置微分或惯性测量单元测得的加速度积分来计算的。然而，GPS 接收机直接测量三维速度（地速），这是一种非常精确的定位传感器，可在全球范围内使用。这种新的测量设备在设计自动着陆系统时非常有用。着陆后，飞行员需要断开自动驾驶仪，手动保持跑道中心线并减速。

为了增强 GPS，FAA 开发了广域增强系统（Wide Area Augmentation System，WAAS）作为航空导航辅助设备。

根据 FAA 的数据，截至 2018 年 7 月，超过 90000 架通用航空飞机配备了 WAAS 启用程序。此外，约有 4000 个 WAAS LPV（拥有垂直导航的航向道进近程序）服务于近 2000 个机场。

FAA 正在推进下一代空中交通系统（NextGen）过渡到基于性能的导航，这将导致许多 VOR 站点可能关闭。配备 WAAS 的飞机可以使用基于卫星的精确卫星导航进近程序。

具有 WAAS 的 GPS 卫星进近程序是地面站和地球同步卫星之间的通信网络，它极大地提高了 GPS 信号的准确性、完整性和可用性。

根据决断高度、能见度限制和跑道视程的不同，着陆分为三类（I、II、III-A、III-B、III-C）（见表 4.3）。FAA 规定了空中交通管制人员如何处理这些不同类型的进近和能见度操作。例如，CAT III-C 是零能见度着陆，且被规定为"不授权"，由飞行员执行，除非使用配备了 GPS 接收器的 AFCS。

表 4.3 精确进近和着陆类别

类 别	决断高度	跑道视距
I	200ft（60m）	2400ft（800m）
II	100ft（30m）	1200ft（400m）
III-A	100ft（30m）	1200ft（400m）
III-B	50ft（15m）	170ft（50m）
III-C	无确定高度	无跑道视距限制

图 4.16 所示为自动着陆控制系统的框图，它包括四个回路、三个控制面、一个发动机油门和四个控制器。四个飞行参数由不同的机载测量设备测量，两个波束（航向信标和下滑信标）由机载接收器检测以进行跟踪。与俯仰角（θ）相比，俯仰角速率（q）是一个相对较快的状态。因此，俯仰角速率反馈是俯仰角反馈回路的内环。这两个飞行参数都由 C_1 和 C_2 这两个控制器和升降舵控制。

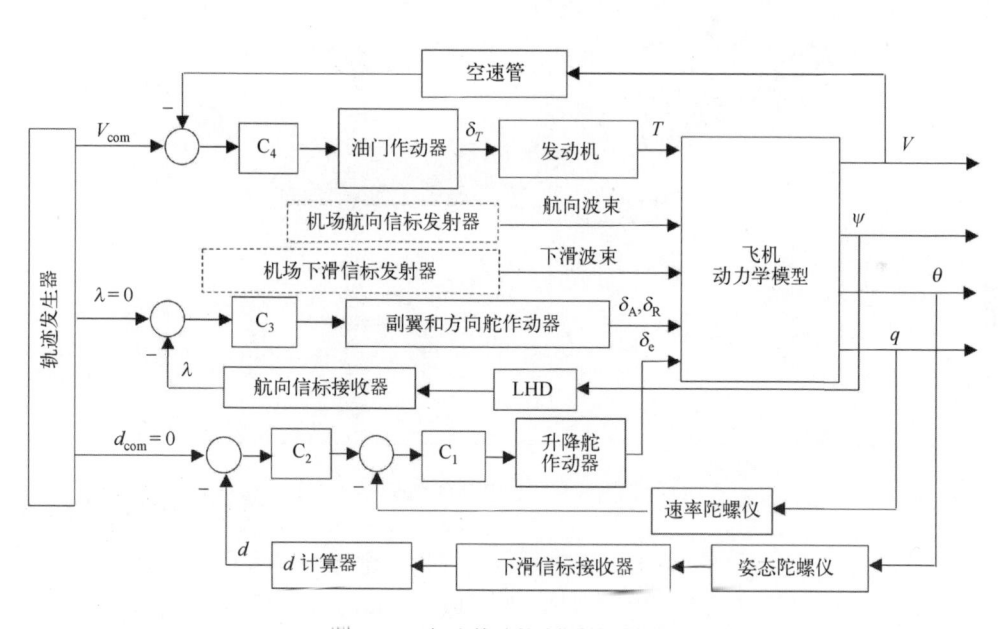

图 4.16 自动着陆控制系统的框图

航向角由方向舵和副翼控制。副翼通过交联系统（见第 3 章）参与，以在改变航向时进行转弯协调。控制器 C_3 用来控制航向角，以满足横向和航向飞行品质。空速（实际上是地速）主要由发动机油门控制。控制器 C_4 旨在控制速度和下降速率以满足纵向飞行品质。当控制速度、俯仰角和俯仰角速率时，飞机迎角有很大的变化，尤其是在拉平操作中。

自动着陆系统的控制器（C_1, C_2, C_3, C_4）的设计应解决两个问题：轨迹生成问题和渐近跟踪问题。在设计过程中，通常需要考虑许多设计需求，包括可接受的控制性能、稳定裕度、鲁棒性、对湍流的低敏感度和有效性。

配有 AFCS 的运输机波音 737 Max（见图 4.17）的机翼面积为 $127m^2$，最大起飞质量为 80286kg。它的飞行测试包括自动着陆[15]、航电和环境控制系统测试。

图 4.17 波音 737 Max

这款飞机是波音公司历史上销售最好的飞机。全球 100 家不同的航空公司订购了超过 4500 架波音 737 Max。波音 737 最初设计为短程窄体运输机，于 1967 年首飞。随后推出了十几种机型，至今仍是有史以来销量最高的商用飞机，生产数量超过 10000 架。

4.7 VOR 跟踪

在 ILS 之后，又出现了另一种导航基准系统，即 VOR 系统。VOR 是一种用于飞机的无线电导航系统。它由地面台站（发射器）和机载接收器组成，因此飞机能够确定位置、磁方位角及到固定地面台站的距离。由于在着陆过程中 VOR 系统和航向信标具有类似的功能，它们通常在驾驶舱的模式控制面板上合并为一个旋钮（如 VOR/LOC）。

VOR 地面台站广播基准 VHF 无线电信号和数据，使得机载接收器可从台站获取磁方位角（与磁北极相对于 VOR 台站的方向）。这条位置线被称为 VOR 的径线（Radial）。共有 360 条径线，每条径线都等于 1°。VOR 台站沿每条径线发送一个特殊的信号。当飞机在 360 径线上时，意味着飞机在 VOR 台站的北面；当飞机在 090 径线上时，意味着飞机在 VOR 的东面。由于飞行员依靠罗盘进行航向引导，VOR 发射的径线与磁北方向一致。因此，VOR 上的北方是磁北。每个 VOR 台站都有唯一的频率和三个字母的代码标识。因此，要接收到信号，飞行员必须将 VOR 频率输入飞机导航接收器。

图 4.18 所示为当飞机位于 VOR 信标台东南方时 VOR 全向信标（315°）和飞机航向的示例。期望航向沿着 315 径线，因此这架飞机必须先向左转拦截径线，然后右转跟踪航迹。当飞机位于 315 径线上且没有侧风时，它将朝向 VOR 信标台飞行。

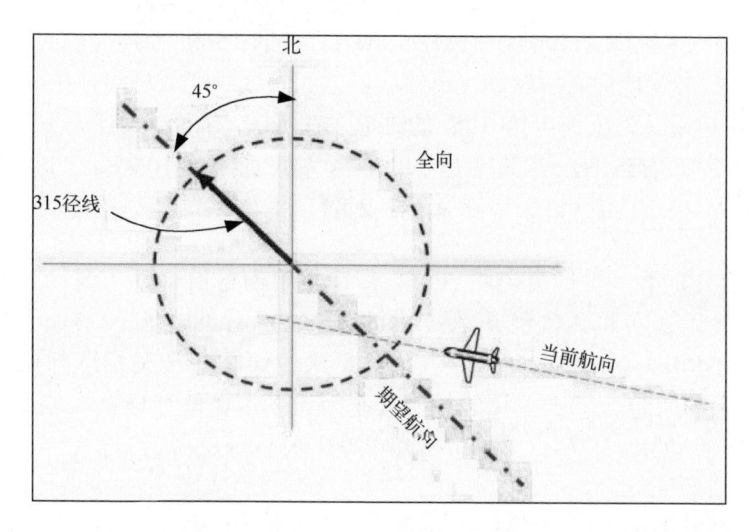

图 4.18 当飞机位于 VOR 信标台东南方时 VOR 全向信标（315°）和飞机航向的示例

飞行员应该调整飞机航向，使其与期望的航迹一致。飞行员依此来确定位置并导航飞机到达目的地。当跟踪 VOR 时，飞行员的操作与航向信标导航方式相同，都是朝向指示器指针转向。VOR 系统可在巡航飞行和着陆时使用。

飞机可以通过调谐到一系列的 VOR 台站使飞机沿航线飞行。VOR 台站通常就是直线航线上的交叉点。一旦识别 VOR 台站并选择期望的径线，就可选择导航模式（VOR 指示器上的期望航向）来跟踪所选的径线。

航迹偏离指示器是一种测量设备，用于确定飞机在无线电导航信标（如 VOR 地面台站）上的横向位置（在 xy 平面上）。无论飞机离 VOR 地面台站有多近，横向偏离都应指示与所选径线的距离。注意，飞机的机头方向是航向，而航迹是沿地面的期望航迹。只有在没有侧风的情况下，航向和航迹才相同。

许多机场同时使用 VOR 和航向信标来提供航向导航数据。在这些情况下，飞行员有两个选择：使用 VOR 或使用 ILS 的航向信标。在驾驶舱中，VOR 和航向信标共用一些设备，如天线、接收器和一些指示器。当飞行员选择一个 VOR 台站时，全方位选择器（Omni-Bearing Selector，OBS）将起作用，并且允许选择期望的径线。当选择航向信标时，全方位选择器不起作用，指示器由航向信标转换器驱动。VOR 指示器始终显示飞机所在的全向台站的实际径线（不管飞机的航向如何）。VOR 和航向信标信号之间的两个主要区别是：①VOR 台站发射的波束宽度较窄，②VOR 的斜距较大。

VOR 的频率范围为 108.00～117.95MHz（间隔为 50kHz），与航向信标的频率范围不同。信号是地面发射器和飞机接收器之间的直线视距，并且在最多 200 英里的范围内使用。为了留出给 ILS 的频道，在美国，108.00MHz、108.05MHz、108.20MHz、108.25MHz 等频率是 VOR 频率，而 108.10MHz、108.15MHz、108.30MHz、108.35MHz 等频率则保留给 ILS。

截至 2019 年，飞行员仍将 VOR 作为主要的导航辅助工具。然而，由于 GPS 和广播式自动相关监视系统（Automatic Dependent Surveillance-Broadcast systems，ADS-B）等新技术的普及，VOR 系统面临着被美国联邦航空管理局（FAA）废除的风险。基于卫星的导航系统因为成本更低且导航性能更高，越来越多地取代了 VOR。

无论 VOR 跟踪的控制目标是巡航飞行还是着陆，其框图都是相似的。VOR 跟踪系统是一种飞机航向（实际上是磁方位角）控制系统，如图 4.19 所示。滚转角控制被用作内环，而航向则用作外环，这是因为副翼和方向舵交联，以实现转弯协调。垂直陀螺用于测量滚转角，方向陀螺仪用于测量航向。

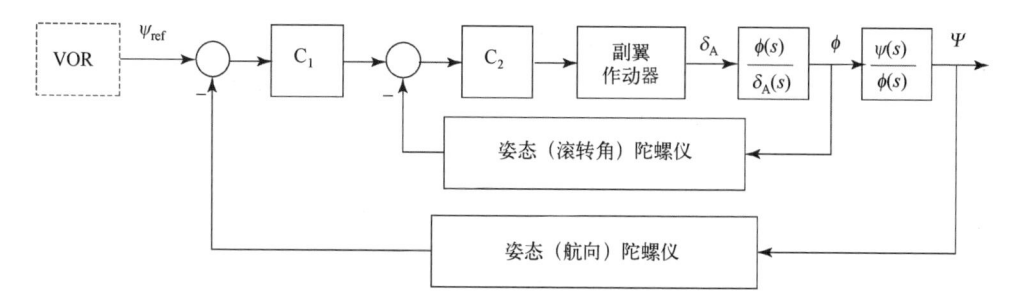

图 4.19　VOR 跟踪系统框图

滚转角到副翼偏转角的传递函数 $\phi(s)/\delta_A(s)$ 已在第 3 章中介绍，为方便起见，重复如下。传递函数的近似模型是一个二阶系统：

$$\frac{\phi(s)}{\delta_A(s)} = \frac{L_{\delta_A}}{s^2 - sL_p} \tag{4.32}$$

传递函数 $\psi(s)/\phi(s)$ 为

$$\frac{\psi(s)}{\phi(s)} = \frac{g}{sV} \tag{4.33}$$

C_1 是外环（航向）的控制器，C_2 是内环（滚转角）的控制器。同时设计这两个控制器可以实现所需的偏航性能并获得可接受的飞行品质。

这是一种可跟踪 VOR 信号的方法，当然还有其他控制磁方位角的方法。读者可以自行探索。例如，可以使用一个转弯控制来转向新的航向。当转弯完成时，偏航速率指令变为零，且航向基准自动更新为新的航向。

在图 4.19 中，未包括侧风等干扰因素。为了在有侧风的情况下控制飞机，框图应进行修改以包括航向偏差环。在这种情况下，基准航向将与指令航向不同。校正风飘需要进行单独的计算和分析。

4.8　自动飞行高度控制

如第 3 章所述，有三种方式可以保持巡航飞行：①恒定高度、恒定迎角飞行；②恒定空速、恒定迎角飞行；③恒定高度、恒定空速飞行。第二种方式常被称为巡航爬升（Cruise-Climb）。然而，由于安全原因，大多数通用航空和运输机逐渐不允许改变高度。由于空中交通的增加以及飞行高度层的划分，持续爬升改变高度将不再安全。

最接近的替代飞行操作是阶梯爬升（Step-Climb）。因此，大多数长时间飞行会通过阶梯爬升巡航来保证飞机始终处于合适的高度以进行交通管制。例如，在许多长时间巡航飞行中，巡航高度（见图 4.20）从 34000ft 开始，逐渐升至 36000ft、38000ft 和 40000ft。在返回飞行中，巡航高度从 33000ft 开始，逐渐升至 35000ft、37000ft 和 39000ft。每 2~3h，飞行高度增加 2000ft。

AFCS 的任务是为阶梯爬升计算一系列合适的飞行高度，以实现最大的经济性。因此，AFCS 的控制目标是跟踪期望的高度。高度跟踪模式用于将飞机的高度从当前值改变为新设定值（如巡航高度）。该模式生成飞行控制系统和自动油门的引导指令，以在上升或下降到所选高度时保持恒定的空速。

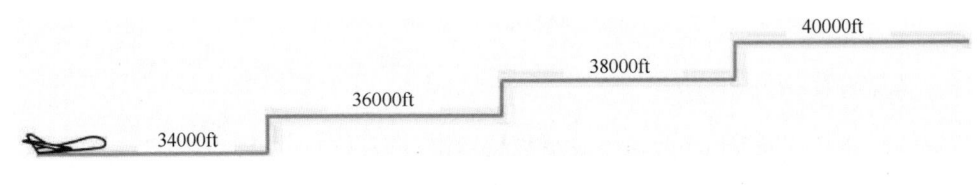

图 4.20 典型的阶梯爬升

这是一种垂直飞行剖面，通常受到发布的终端程序中指定的速度和高度限制的影响。与高度跟踪相关的三种 AFCS 模式是飞行高度控制（FLC）模式、垂直速度（VS）模式和垂直导航（VNAV）模式。这三种模式在实现高度跟踪时具备不同的特性。

FLC 模式在爬升或下降过程中保持空速恒定，而 VS 模式保持特定的垂直速度。FLC 本质上是空速保持模式，通常只在先进的自动驾驶仪中使用。当 FLC 模式处于活动状态时，应不断监视所选高度、空速和当前高度。当 FLC 模式被启用时，在爬升/下降过程中，AFCS 控制飞机在过程中保持选定的恒定空速。

当 VNAV 模式接通时，自动驾驶仪通常会发出俯仰指令，并使用自动油门模式沿着飞行员在显示屏上选择的垂直剖面飞行。该剖面包括预选的爬升高度、巡航高度、速度、下降速率，还可包括指定航迹点的高度约束。

图 4.21 所示为用于高度跟踪的飞行高度控制系统的框图。高度跟踪模式的目的是在巡航飞行阶段于所需的点改变高度。当巡航高度变化时，同时控制升降舵和油门；在高度保持功能下，只需要控制升降舵。随着飞机质量的减小，控制

升降舵偏转以减小迎角。对于这种自动驾驶仪模式，需要高度计和空速表两种测量设备。

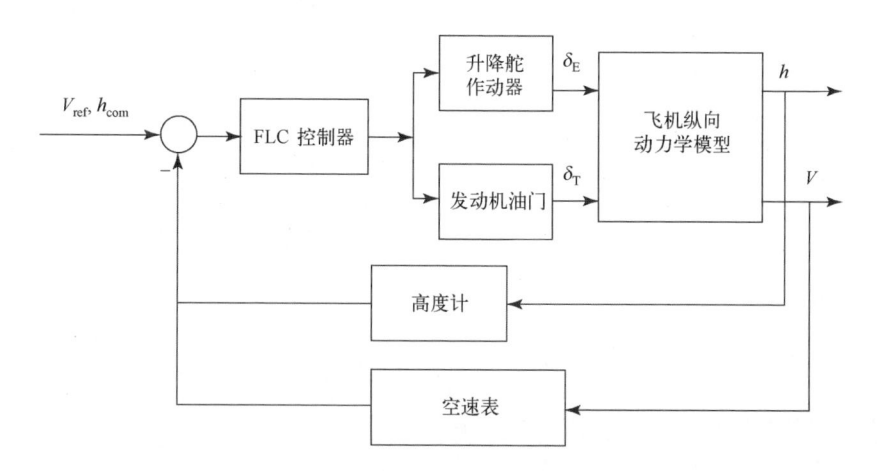

图 4.21　用于高度跟踪的飞行高度控制系统的框图

FLC 控制器可以只用 PID 控制器，也可以使用更先进的控制器。无论哪种情况，飞机都会在每个阶段改变高度，并在每个阶段保持新的高度。当设计控制器时，需要使用高度到升降舵偏转角的传递函数和速度到油门设置值的传递函数，它们的推导已在第 3 章中给出。

4.9　自动爬升和下降

起飞后，运输机将开始爬升到所需的巡航高度。巡航飞行结束后，飞机开始下降到目的地进行着陆。爬升和下降操作可以自动控制，以减轻飞行员的负担，降低燃油成本。下降阶段从巡航高度开始，通过进近到复飞开始点（通常是跑道）。进近可视为一个明确的阶段或下降阶段的一部分。

自动驾驶仪的垂直速度（VS）模式允许飞行员以恒定速率爬升和下降。基于速度的爬升采用最经济的空速[11]。在 VS 模式下，自动驾驶仪保持一个基准升降速度。在爬升和下降过程中，升降速度（爬升率和下降率）是地速的垂直分量（V_V）：

$$V_V = \dot{h} = V\sin\gamma \tag{4.34}$$

式中，γ 是爬升/下降角。如果没有顺风和逆风，那么地速等于空速（V）。正 γ 表示飞机正在上升，负 γ 表示飞机正在下降。在正 γ 的情况下，升降速度被称为爬升率（Rate Of Climb，ROC）：

$$ROC = V\sin\gamma, \quad \gamma > 0 \qquad (4.35)$$

在负 γ 的情况下，升降速度（VS）被称为下降率（Rate Of Descent，ROD）：

$$ROD = V\sin\gamma, \quad \gamma < 0 \qquad (4.36)$$

只要飞机在 500ft 以上的高度，就可以选择其中一种自动驾驶仪模式（包括自动爬升）。为了实现这个目标，飞行员需要在显示器上给自动驾驶仪设置一个高度指令，控制飞机爬升到巡航高度。VS 模式给出俯仰指令以保持所选的垂直速度。在 VS 模式中，俯仰保持爬升率恒定，油门用于保持空速恒定。在现代运输机中，通常在爬升时使用 VS 保持模式。作为替代方案，使用 FLC 模式在爬升时将保持最佳空速（最佳爬升率）。

图 4.22 所示为用于爬升/下降飞行的垂直速度控制系统的框图。该控制模式的目的是在爬升/下降阶段保持所需的（最佳）垂直速度。在爬升/下降过程中，使用了升降舵和油门。随着飞机质量的减小，升降舵被用于调整迎角和俯仰角。该自动驾驶仪模式需要高度计和垂直速度计两个测量设备。油门用于保持最佳空速。

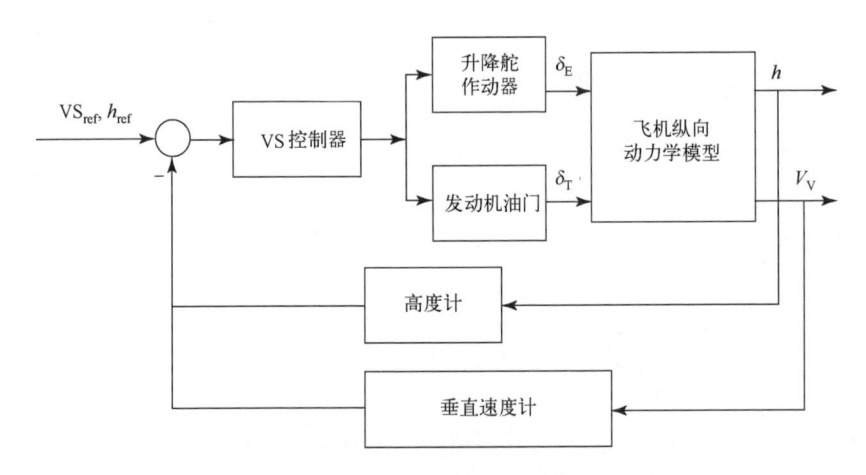

图 4.22 用于爬升/下降飞行的垂直速度控制系统的框图

垂直速度计（Vertical Speed Indicator，VSI）是飞机上六个基本飞行仪表之一，用于反映爬升或下降的速度。该测量设备可以基于 GPS 数据，或者使用空速管的静压。VS 控制器可以是简单的 PID 控制器，也可以是更高级的控制器

（如 LQR 控制器）。当设计控制器时，需要使用高度到升降舵偏转角的传递函数或垂直速度到油门设置值的传递函数。

垂直速度主要取决于地速、发动机油门、飞机质量和阻力：

$$V \sin \gamma = \frac{(T-D)V}{W} \tag{4.37}$$

使用在第 3 章中介绍的传递函数 $\gamma(s)/\delta_E(s)$ 和 $u(s)/T(s)$，可推导出垂直速度到油门设置值传递函数。

飞行员必须非常小心地指定一个适当的 VS。如果飞行员命令自动驾驶仪以比最大爬升率更大的速率爬升，那么飞机将进入失速状态。此外，在下降飞行中，下降速率不应该超过 V_{NE} 并防止过速。一旦飞机达到指定的高度，VS 模式就应自动解除，而启用高度保持模式。

在爬升时不建议使用 VS 模式，因为如果自动驾驶仪的爬升速率指令超过飞机的最大爬升率，推力/功率就会不足，进而导致飞机失速。相反，使用 FLC 模式更安全。但是，建议下降时使用 VS 模式，因为它可使飞机按时下降到合适的高度，还可防止飞行员和乘客的身体不适。如果下降过程中使用 FLC 模式，那么需要注意发动机推力/功率，防止超过安全空速或者引起不适（由过大的下降速率引起）。发动机推力由自动驾驶仪调整，使飞机以与基准垂直空速相对应的俯仰姿态飞行。

自动爬升和下降的另一种模式是 VNAV 模式，它提供飞行计划的垂直剖面（飞机在 xz 平面上的计算航迹）。垂直导航控制飞机舵面和油门沿着垂直路径实现起飞、爬升、巡航、下降和进近。垂直导航和横向导航（LNAV）最早于 20 世纪 80 年代初在波音 757/767 飞机上"完全集成"。

4.10 地形跟随控制系统

无人机的一些低空应用（如航空摄影/摄像和农业/森林监测）要求飞机沿着地面的剖面飞行，以捕捉高分辨率的图像。此外，一些军事无人机应用也涉及地形跟随（Terrain Following, TF）飞行操作，以尽可能低的飞行高度避免被敌方探测到。在这些应用中，目标是确保飞行安全以及市区人员的安全。因此，地形跟随飞行操作应包括与地面的安全间距（见图 4.23）。

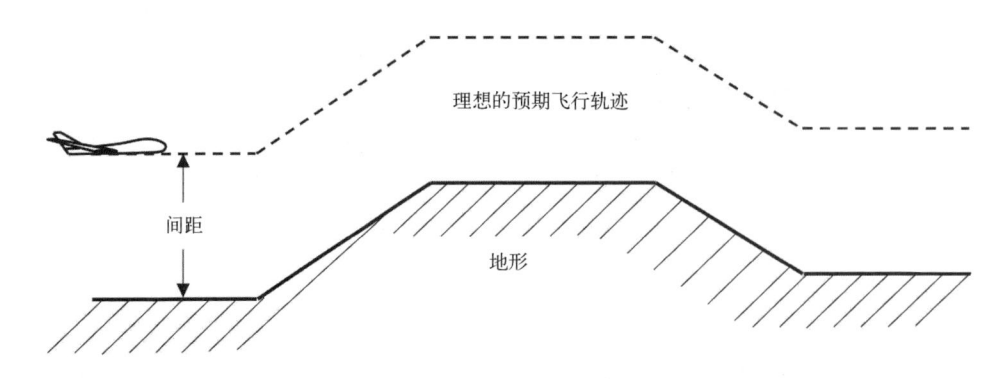

图 4.23 地形跟随

传统的地形跟随系统在低空飞行时通过观察飞机前方的地形，并向飞行控制系统提供引导指令（通过轨迹生成）来保持飞行在指定高度以上。垂直轨迹基准可以使用地形高程数据的轨迹生成模块生成。轨迹生成的主要目标是设计一条沿着地形并避开障碍物的路径，以满足飞行要求和飞机约束条件。

图 4.24 所示为地形跟随控制系统的框图。在加速/减速和爬升/下降过程中，要用到升降舵作动器和发动机油门。升降舵用于调整高度，而油门用于控制空速。该自动驾驶仪模式需要雷达高度计和空速计两个测量设备。

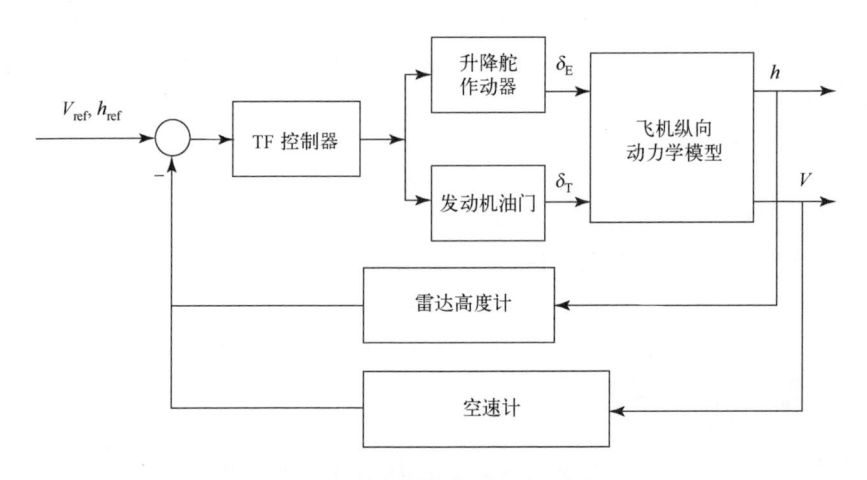

图 4.24 地形跟随控制系统的框图

地形跟随控制器可以是简单的 PID 控制器，也可以是更高级的控制器（如非线性、鲁棒、最优）。例如，参考文献[20]中提出了使用最小时间轨迹规划在地形跟随飞行中的方法，它使用最小二乘法来解决垂直平面上的二维问题。

注意两个相关的高度术语之间的差异：地面高度（Height Above Ground Level，AGL）和相对海平面高度（Height above Mean Sea Level，MSL）。在巡航飞行中，通过传统的气压高度传感器（如静压）测量相对海平面高度。然而，在地形跟随任务中，应使用雷达高度计或激光雷达测量地面高度。

4.11 航向跟踪系统

航向模式用于自动驾驶飞机沿着飞行员期望的航向飞行。最初，飞机沿着一个航向巡航。然而，由于天气或任务目的，飞行员希望将航向改为新的航向（见图 4.25）。自动驾驶仪的任务是控制飞机的航向、捕获并安全地转到新的航向。自动驾驶仪控制下的航迹用虚线表示。

使用自动驾驶仪控制航向的方法是：①选择计划航向；②旋转旋钮转到新的航向；③启用航向控制功能。自动驾驶仪捕获航迹后，航向跟踪功能将自动解除，导航功能从"待机"切换到"激活"。

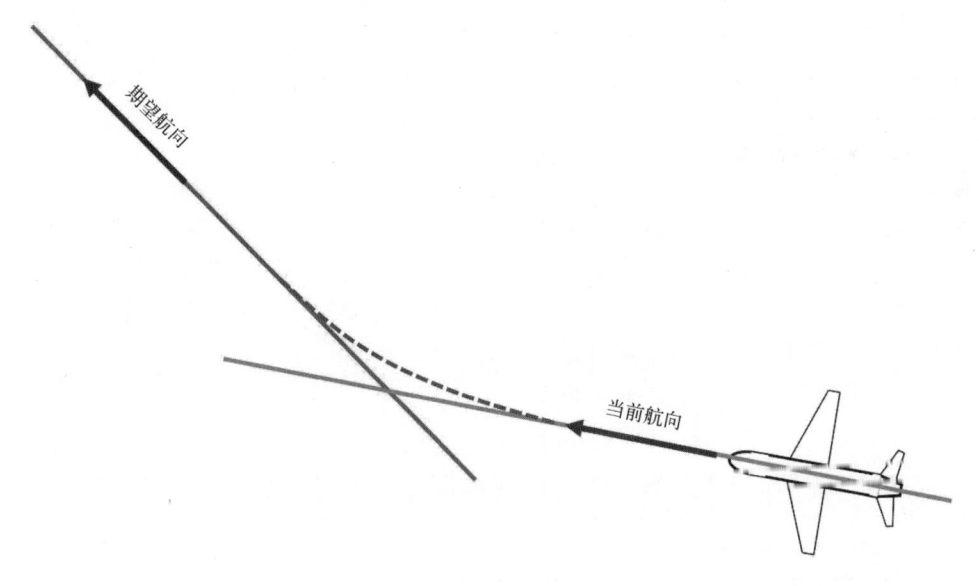

图 4.25 航向变化

如 4.7 节所述，VOR 跟踪系统是一种飞机航向控制系统。航向控制系统的一般框图与如图 4.19 所示的 VOR 跟踪系统的框图非常相似。滚转角控制被用作内环，而航向角控制被用作外环。使用垂直陀螺仪测量俯仰角，使用方向陀螺仪测量航向。

现代运输机中的传统自动驾驶仪模式是横向导航模式（Lateral NAVigation Mode，LNAV）。在 LNAV 模式中，自动驾驶仪控制滚转/偏航以拦截和跟踪期望航线。由于 4.7 节已详细介绍航向控制/跟踪系统，在此不再重复。

4.12 跟踪一系列航迹点

通常，航迹点是指在导航过程中确定的航迹上的一系列坐标点，包括起始点、目的点或中间改变航向的点。航迹点是用于确定物理空间中的点的坐标集合。航迹点可分为两类：预定义的航迹点和预测（合成）的航迹点。在航空中，航迹点由一系列抽象的 GPS 点(x, y, z)组成，形成了人工航迹（空中高速公路）。数千个航迹点可以轻松地在无人机软件中进行编程。

航迹段通常由受高度约束的航迹点组成。两个约束航迹点之间的航迹由三维点到点下降路径或预定的垂直角度共同确定。航迹是下降较为缓和的路径，通常是较为经济的航迹。

基于算法的导航系统确定了从航迹点 1（或 WP_n）到航迹点 2（或 WP_{n+1}）的轨迹。算法应该引导运动物体沿着一系列航迹点定义的指定轨迹运动。理想的算法必须具有两个功能：路径规划和轨迹平滑与跟踪。当飞机不在航迹点上时，它能确定从当前位置到期望航迹点的期望路径。

当航迹点连接在一起时，会生成一条原始轨迹。然而，在许多情况下，考虑到无人机的约束和限制，这样的轨迹可能是不可行的。空速、高度、航向速率和结构因素限制了最大可行过载。因此，航迹的计算受到多种因素的影响，例如飞机质量、飞机类型和任务、风（速度和方向）、天气、温度、湍流。表 4.4 所示为终端进近程序中的典型进近航迹点。

表 4.4 终端进近程序中的典型进近航迹点

序 号	航 路 点	进近图文本	图表符号
1	AT 高度	4400	
2	AT 或以上	4400	△
3	AT 或以下	4400	▽
4	窗口	12000 4400	▽ △

垂直飞行剖面反映了飞行计划中规定的速度和高度限制。此外，横向飞行剖

面反映了飞行计划中规定的航向和空域限制。

VNAV 飞行控制和 LNAV 的组合构成了航迹点跟踪控制。当 VNAV 模式启用时，自动驾驶仪会给出俯仰控制指令，通过自动油门模式使飞机沿着飞行员在显示器上选择的垂直剖面飞行。剖面包括预选的爬升、巡航高度、速度、下降速率，还可包括指定航迹点的高度约束。到达 VNAV 飞行计划中的最后一个航迹点后，自动驾驶仪可能过渡到高度保持模式。现代自动驾驶仪提供全球定位系统导航（Global Positioning System Steering，GPSS）功能。GPSS 执行典型的导航功能，但是由于 GPS 接收机的存在，它实现了更高的精度。

文献中研究了多种航迹点控制技术，以减小航迹偏差。这些技术[21]包括应用如模型预测控制和鲁棒控制等控制方法，以预测航迹的变化，并在到达航迹点之前采取控制行为。参考文献[22]中实现了一种小型无人机航迹点导航算法，其中外环导航采用 PID 控制器，内环导航采用自适应控制器。

4.13 感知与防撞系统

防撞是 FAA 关注的飞机安全问题[36]。这种安全问题很多，例如民用无人机与建筑物相撞、与直升机危险性近距离遭遇、窥视住宅窗户、被故意击落等。在感知与防撞系统中，导航、引导和控制系统同时工作。目前，在探测（或感知）和防撞领域有大量的研究课题[37]。

机载防撞系统（Airborne Collision Avoidance Systems，ACAS）的标准已由国际民航组织（International Civil Aviation Organization，ICAO）规定。民航机载防撞系统（Traffic Collision Avoidance System，TCAS）是一种在商业航空中广泛使用的 ACAS。然而，目前尚无关于无人机的感知和防撞的联邦法规。

限制无人机在民航领域广泛应用的一个主要因素是感知与防撞问题。感知与防撞系统的目的是探测和解决无人机飞行中的某些危险。无人机感知与防撞系统必须提供两种功能：自主规避功能和防撞功能。一般来说，感知与防撞系统需要具备六个功能：①检测入侵者/障碍物；②跟踪；③评估；④计算；⑤指令；⑥执行。

防撞系统的功能是探测碰撞物并提供规避操纵的策略。防撞基于从轨迹预测获得的航迹。防撞系统检查无人机和其他飞行器的航迹，以评估其安全区域是否被入侵。如果被入侵，那么计算出可能发生碰撞的位置和时间。飞机的操纵能力直接影响规避操纵或规划规避策略时的反应时间。

对于飞行器，一般来说应有五种防撞功能：①避免与其他飞行器在空中碰撞；②避免与其他飞行物体碰撞（如鸟类）；③当地面机动时避免与地面车辆碰撞；④探测、避开地形并避免与其他障碍物碰撞（如建筑物或电线）；⑤避免危险天气（如闪电）。

防撞的典型机动动作包括左转、右转、爬升、下降、减速、加速。这些动作可归为三类：转弯、高度变化和速度变化。防撞解决方案可由合适的引导控制律[如比例导航（PN）]得到，由无人机自动驾驶仪的控制系统执行。

图 4.26 所示为一个基本感知与防撞系统的框图，它有两个主要反馈：①飞机的飞行参数（x_a, y_a, z_a）及其速度和方向（V, ψ, γ）；②障碍物的坐标（x_0, y_0, z_0），若障碍物正在运动，则为其速度和方向（V_0, ψ_0, γ_0）。引导系统接收这些参数和理想的飞行任务（基准轨迹），产生引导指令。感知传感器包括电子相机（白天）、红外相机（夜晚）、激光雷达、雷达等测量装置。导航系统测量飞行器的实时坐标。

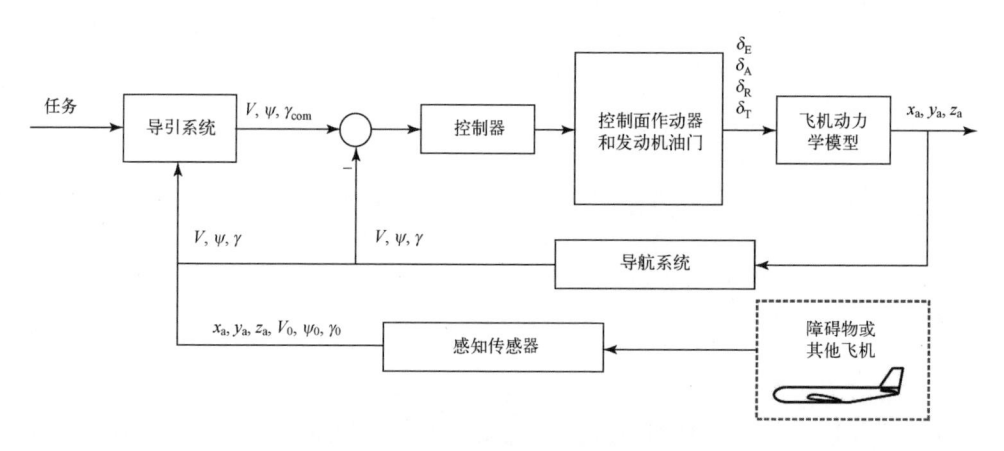

图 4.26 一个基本感知与防撞系统的框图

控制系统将根据引导指令和控制律生成控制命令，控制三个控制面（如升降舵、副翼和方向舵）和发动机油门避免飞机与障碍物发生潜在的碰撞。Sadraey[21]介绍了感知与防撞系统的基本原理，建议感兴趣的读者阅读该参考文献以了解相关公式和控制律。

4.14 习题

1. 列出闭环（负反馈）控制系统提供的四个功能。
2. 与飞行控制系统一起工作的三个系统是什么？
3. 航迹控制系统的另一个名称是什么？
4. 导航系统的主要功能是什么？
5. 列出自动飞行控制系统的纵向主要控制模式。
6. 列出自动飞行控制系统的横向-航向主要控制模式。
7. VOR 是什么的缩写？
8. 简要描述着陆操作程序。
9. 简述着陆的拉平操作。
10. ILS 使用了哪些设备？
11. 列出仪表着陆系统向进近飞机提供的三组信息。
12. 什么是航向信标？
13. 航向信标保持模式的主要功能是什么？
14. 常见的进近下滑剖面是什么？
15. 绘制具有 GPS 的进近航迹下滑保持系统的框图。
16. 要纠正飞行下滑轨迹，必须同时控制哪些角度？
17. 简要描述进近下滑角跟踪系统的工作原理。
18. 下滑角耦合器的功能是什么？
19. 拉平操作执行不正确（硬着陆）可能导致什么后果？
20. 描述拉平操作。
21. 着陆时的下降速率推荐为多少？
22. 拉平开始时的理想下滑角是多少？
23. 绘制一个拉平控制系统的框图。
24. 绘制一个具有雷达高度计的拉平控制系统的框图。
25. 列出进近操作的四个主要阶段。
26. 列出每个进近阶段的可变参数。
27. WAAS 是什么的缩写？
28. 列出精密进近的类别。
29. 飞机自动着陆系统使用了哪些传感器？
30. 飞机自动着陆系统使用了哪些控制器？
31. 解释航向、径向和航线的区别。
32. 简要描述 VOR 和航向信标之间的区别以及它们的信号。
33. 绘制 VOR 跟踪系统的框图。

34. 描述保持巡航飞行的三种方式。
35. 列出用于高度跟踪的三种相关 AFCS 模式。
36. 绘制高度跟踪系统的框图。
37. 描述自动驾驶仪的垂直速度（VS）模式的特点。
38. 绘制 VS 控制系统的框图。
39. 绘制地形跟随控制系统的框图。
40. 解释地形跟随控制系统的工作原理。
41. AGL 和 MSL 有什么区别？
42. 描述航迹点。
43. GPSS 是什么的缩写？
44. ACAS 是什么的缩写？
45. ICAO 是什么的缩写？
46. TCAS 是什么的缩写？
47. 列出感知与防撞系统所需的六个功能。
48. 列出飞行器的五个防撞功能。
49. 防撞的典型操作包括什么？
50. 绘制一个基本感知与防撞系统的框图。

第5章
增稳系统

5.1 引言

流经机体表面的空气会对飞机的运动产生扰流作用，在扰流作用下，飞机会产生升降运动，改变姿态和航向。扰流会导致大型运输机和高性能战斗机的阻尼特性下降，在低速和高海拔情况下阻尼特性降低得更明显。针对以上问题，可以采用自动飞行控制系统来增强飞机的稳定性，因为自动飞行控制系统可以有效提高飞机开环动力学的阻尼比和固有频率。

大气扰流还会产生过载，进而影响到机上人员的驾乘体验。为了提高飞行品质，需要借助其他外力来消除扰流的影响。

现代高性能民用飞机（如波音777、空客380）、军用飞机（如洛克希德·马丁公司的F-35闪电II）都安装有增稳系统来提高飞机的稳定性。目前的军用战斗机实际上是动态不稳定的，如果没有AFCS和某种形式的增稳系统（SAS），飞行是不安全的。增稳系统根据一个或多个气动参数生成控制指令，驱动舵面偏转产生相应的稳定力矩来保持飞机的稳定性。通常，增稳系统针对飞机的某个通道发挥增稳/增控作用。常将角速率信号作为反馈信号控制舵面，用于改善飞机的阻尼特性。

用于改善飞机动稳定性的自动控制装置曾称稳定器、阻尼器、增稳装置或增稳系统。对高性能民用飞机（如大型运输机）和战斗机而言，增稳系统必不可少。增稳系统的主要功能是增强飞机的静态/动态稳定性，改善大气扰流对飞行品质的影响。对大型运输机而言，增稳系统的作用是增加飞机的阻尼，而对战斗机而言，增稳系统的作用则是增加飞机的静稳定性。当自动飞行控制系统处于增稳模式时，飞行员仍如平常一样进行驾驶，但此时飞机的性能已得到改善。

对飞行员来说，静不稳定或欠阻尼的飞机是极难操纵的。就飞机动力学而言，响应模式决定了飞机是否可控。飞机对操纵指令的响应部分受二阶模式（如短周期运动模式和荷兰滚模式）的频率影响。如果这些模式的频率过高，就需要增稳系统来提供合适的阻尼比和固有频率。

在低速和大迎角状态下，纵向短周期运动模式和横向-航向荷兰滚模式往往会迅速恶化。

当增稳系统工作时，舵面会在自动飞行控制系统的控制下偏转。增稳功能断开后，飞机将由飞行员通过驾驶杆和脚蹬来控制。

现代战斗机的气动构型是静不稳定的，离开自动飞行控制系统将无法操纵。为了提高机动性能，现代战斗机在设计时就有意将纵向模式设计成静不稳定的，而将横向模式设计成欠稳定的；也就是说，现代战斗机具有负的纵向静稳定裕度。

此外，增稳系统通常作为姿态控制的内环控制，进而构成航迹控制的内环回路。

增稳系统通过传感器测量飞机各姿态的角速率，经处理后反馈到舵回路。增稳系统将根据角速率和角加速率信号产生阻尼力矩。图5.1所示为增稳系统原理框图。飞机的任何一个轴都可引入增稳系统，例如横向增稳系统作用于x轴，俯仰增稳系统作用于y轴，航向增稳系统作用于z轴。

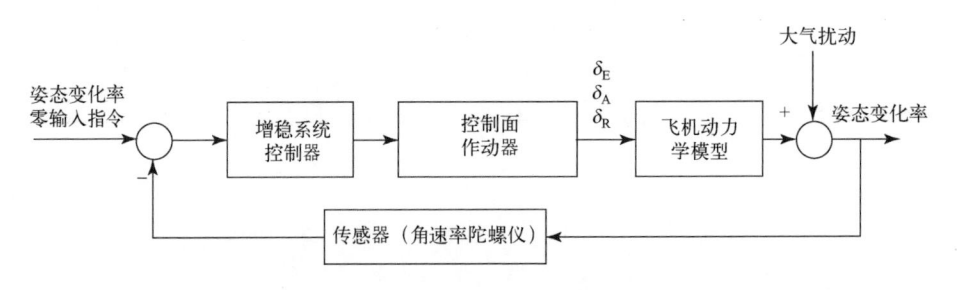

图5.1 增稳系统原理框图

增稳系统采用角速率陀螺仪测量姿态角速率。横向增稳系统中有滚转角速率陀螺仪，俯仰增稳系统中有俯仰角速率陀螺仪，航向增稳系统中有航向角速率陀螺仪。如果飞机的运动模式（如荷兰滚模式或短周期运动模式）不稳定，或者需要改变运动模式的阻尼比和固有频率，就需要额外的反馈信号。当受到大气扰流影响时，增稳系统将有助于稳定飞机。

如果某种飞行模式不稳定，或者需要改变稳定模式的阻尼比和固有频率，就需要额外的反馈信号。由于涉及的控制舵面少，与姿态控制系统相比，增稳系统的结构较为简单。

增稳系统可以与操纵系统并行工作，即飞行员使用驾驶杆/脚蹬操纵飞机时，也可以使用增稳系统。但是，增稳系统引起的舵面偏转会被飞行员感知到，因此，通常情况下不同时使用自动飞行控制系统和人工操纵系统。但有一个明显的例外，即在许多通用航空飞机中与人工操纵系统同时使用的偏航阻尼器。

当飞行时（如巡航），飞机的纵向动力学和横向-航向动力学具有弱耦合性，可以同时设置两个增稳系统（一个用于纵向，另一个用于横向-航向）。事实上，在非机动飞行条件下，这两种动力学特性是相互解耦的。

本章介绍增稳系统的六个主要组成：①俯仰阻尼器；②偏航阻尼器；③滚转阻尼器；④横向-航向增稳系统；⑤防失速系统；⑥自动配平。

5.2 俯仰阻尼器

现代高性能战斗机在低速、高海拔条件下会出现短周期阻尼比不足的情况。此外，为了提高机动性，现代战斗机还特意被设计成静不稳定的，而静不稳定的飞机是不可控的。解决这个问题的方法是使用自动飞行控制系统来增强飞机的纵向静稳定性。

俯仰阻尼器是一种通过升降舵来提高俯仰阻尼特性的纵向控制系统，用于增强飞机的纵向静稳定性。当飞机的俯仰特性处于欠阻尼状态时，该系统可以优化水平尾翼的设计。俯仰阻尼器主要改善稳定性导数 C_{m_q} 和 C_{m_α} 来增强短周期阻尼比。

实际上，采用俯仰阻尼器后，可缩小水平尾翼面积。本节主要介绍俯仰阻尼器。俯仰阻尼器可起到优化飞行品质的作用，在不影响飞行品质的情况下提高纵向稳定性，进而通过人工方式来增大飞机的俯仰阻尼比。

增强飞机纵向稳定性的方法很多。例如，基本俯仰阻尼器仅由一个反馈回路（俯仰角速率）和一个传感器（俯仰角速率陀螺仪）构成。另一种方法是将迎角和过载反馈回控制系统。更有效的方法是采用两种以上的反馈信号来增强飞机的纵向稳定性。下面介绍各种纵向增稳技术。

俯仰阻尼器的另一个重要作用是在不稳定气流条件下抑制飞机上仰。如果不加以控制，上仰将导致失速（大迎角）、尾旋，甚至坠毁。俯仰阻尼器可有效地改善飞机的飞行品质。

5.2.1 基本俯仰阻尼器

基本俯仰阻尼器是一种纵向控制系统，该系统使用升降舵来增强纵向受到气流扰动影响时的阻尼，进而增强飞机的纵向稳定性。图5.2所示为基本俯仰阻尼器的结构框图。控制和测量的飞行变量是俯仰角速率。其作动器是升降舵，测量装置是俯仰角速率陀螺仪。对俯仰角（θ）的任何扰动都将被抑制，进而使得俯仰角能够更好地跟踪设定值。

俯仰角速率陀螺仪要安装在机体振动小的部位，同时还使用陀螺滤波器来消除噪声和机体振动的影响。

俯仰角速率到升降舵偏转角的传递函数包含一个四阶特征方程。方程中分子和分母系数的表达式可通过扩展纵向状态空间模型来推导。然而，使用短周期近似可以获得用如下二阶特征方程[1]表示的传递函数：

$$\frac{\dot{\theta}(s)}{\delta_E(s)} = \frac{[(U_1 - Z_{\dot{\alpha}})M_{\delta_E} + Z_{\delta_E}M_{\dot{\alpha}}]s + M_\alpha Z_{\delta_E} - Z_\alpha M_{\delta_E}}{U_1\left\{s^2 - \left(M_q + \frac{Z_\alpha}{U_1} + M_{\dot{\alpha}}\right)s + \left(\frac{Z_\alpha M_q}{U_1} - M_\alpha\right)\right\}} \quad (5.1)$$

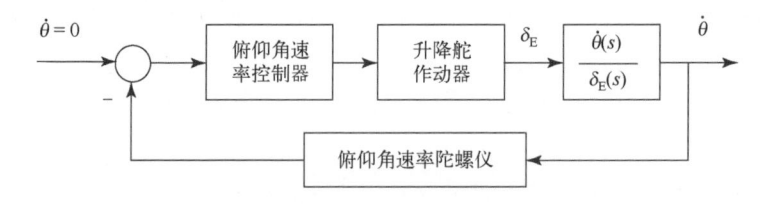

图5.2 基本俯仰阻尼器的结构框图

在巡航/爬升飞行中，输入俯仰角速率（$\dot{\theta}$）指令为零，而在垂直机动（如向上拉起和向下俯冲）中，输入俯仰角速率指令不为零。

飞机在拉起过程中（处于爬升轨迹的下半部分），以恒定空速 V 和半径 R 做垂直转弯（拉起）动作。对于这样的机动动作，俯仰角速率（给定俯仰角速率$\dot{\theta}_{\text{ref}}$）

不为零。角速率（此处为俯仰角速率）定义为线速度除以半径，因此瞬时转弯速率[11]为

$$\dot{\theta}_{ref} = Q = \frac{V}{R} = \frac{g(n-1)}{V} \quad (5.2)$$

式中，n为过载系数。使用增益调参技术，控制器增益可以随着高度和空速进行调整。例如，高海拔的增益比海平面的增益大几倍。

俯仰角速率阻尼器会抑制俯仰角速率的变化。若需要更快的俯仰响应，则应添加迎角反馈回路。

5.2.2 纵向静稳定性增强系统

绝大多数战斗机在设计/制造过程中都会面临纵向静稳定性问题（纵向静不稳定）。解决方法之一是通过迎角反馈来增强飞机的纵向静稳定性。图5.3所示为增加迎角反馈的纵向静稳定性增强系统的原理框图。与俯仰角速率阻尼器类似，纵向静稳定性增强系统也通过升降舵来提高飞机抵抗阵风和扰动的能力。

通常采用风标式迎角传感器作为测量装置，迎角测量数据可从空速管或安装在机头侧面的小型风标式迎角传感器获得。风标式迎角传感器对周围气流的扰动过于敏感，因此其叶片动力学较为复杂。解决这个问题的方法之一是采用大量输出滤波器。此外，还可在机体两侧各安装一个传感器，这样既可提高系统的裕度，又可降低由侧滑引起的测量误差。由于大气扰流的影响，风标式迎角传感器输出的信号中伴有噪声，但可采用滤波器来抑制噪声。

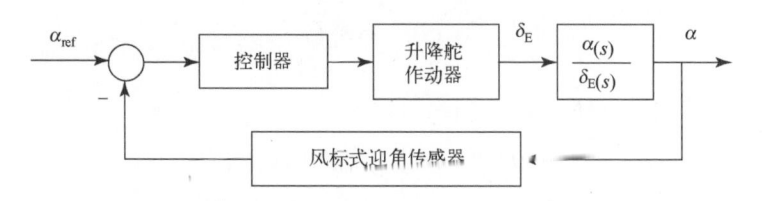

图5.3 增加迎角反馈的纵向静稳定性增强系统的原理框图

迎角到升降舵偏转角的传递函数包含一个四阶特征方程。利用短周期近似，可得到迎角到升降舵偏转角的传递函数[2]为

$$\frac{\alpha(s)}{\delta_E(s)} = \frac{Z_{\delta_E}s + M_{\delta_E}(U_1+Z_q) - M_q Z_{\delta_E}}{U_1\left\{s^2 - \left(M_q + \dfrac{Z_\alpha}{U_1} + M_{\dot\alpha}\right)s + \left(\dfrac{Z_\alpha M_q}{U_1} - M_\alpha\right)\right\}} \tag{5.3}$$

另一种增强纵向稳定性的方法是使用灵敏度较低的测量装置，例如纵向过载传感器（见图5.4）。纵向过载传感器对迎角的变化率（n_α）为

$$n_\alpha = \frac{\partial n}{\partial \alpha} = \frac{\partial L/W}{\partial \alpha} = \frac{\partial\left(\frac{1}{2}\rho V^2 S C_L\right)/W}{\partial \alpha} = C_{L_\alpha}\frac{\frac{1}{2}\rho V^2}{W/S} \tag{5.4}$$

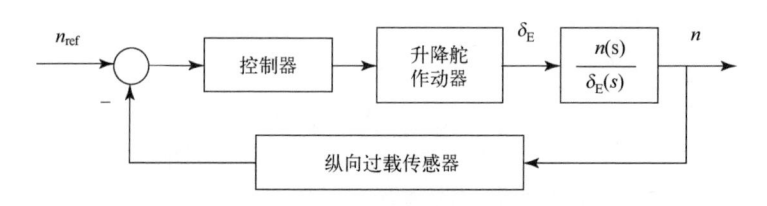

图5.4 过载控制系统原理框图

控制器应确保纵向飞行品质达到可接受的程度（如短周期频率为2～3rad/s）。纵向过载系数可以写成航迹倾斜角的形式[2]：

$$n = \frac{V\dot\gamma}{g} \tag{5.5}$$

于是，纵向过载系数到升降舵偏转角的传递函数为

$$\frac{n(s)}{\delta_E(s)} = \frac{V}{g}\frac{\dot\gamma(s)}{\delta_E(s)} \tag{5.6}$$

由俯仰角等于迎角加航迹倾斜角可得

$$\frac{n(s)}{\delta_E(s)} = \frac{V}{g}s\left[\frac{\theta(s)}{\delta_E(s)} - \frac{\alpha(s)}{\delta_E(s)}\right] \tag{5.7}$$

俯仰角到升降舵偏转角的传递函数 $\theta(s)/\delta_E(s)$ 和迎角到升降舵偏转角的传递函数 $\alpha(s)/\delta_E(s)$ 已在3.4节介绍［见式（3.3）和式（3.9）］。为方便起见，这里重写如下：

$$\frac{\theta(s)}{\delta_E(s)} = \frac{(M_{\delta_E}U_1 + Z_{\delta_E}M_{\dot{\alpha}})s + M_{\alpha}Z_{\delta_E} - Z_{\alpha}M_{\delta_E}}{sU_1\left\{s^2 - \left(M_q + \frac{Z_{\alpha}}{U_1} + M_{\dot{\alpha}}\right)s + \left(\frac{Z_{\alpha}M_q}{U_1} - M_{\alpha}\right)\right\}} \quad (3.3)$$

$$\frac{\alpha(s)}{\delta_E(s)} = \frac{Z_{\delta_E}s + M_{\delta_E}(U_1 + Z_q) - M_q Z_{\delta_E}}{U_1\left\{s^2 - \left(M_q + \frac{Z_{\alpha}}{U_1} + M_{\dot{\alpha}}\right)s + \left(\frac{Z_{\alpha}M_q}{U_1} - M_{\alpha}\right)\right\}} \quad (3.9)$$

控制器的设计应确保舵面偏转角（如25°）能够达到最高过载系数（如6）要求。为了解决过载传感器对气流扰动敏感这个问题，可以采用低增益的控制器，同时使用合适的滤波器。

5.2.3 俯仰轴增稳系统

一些飞行器配备了俯仰阻尼器，以在长周期运动模式和短周期运动模式下提供足够的阻尼。如果短周期运动模式的频率和阻尼都达不到要求，或者模式不稳定，就需要两个反馈[俯仰角速率（q）和迎角（α）]。当飞机需要执行精确的任务（如空中加油）时，俯仰轴增稳系统将有助于任务的完成。俯仰轴增稳系统的主要作用是为纵向短周期运动模式提供所需的固有频率和阻尼比。

俯仰轴增稳系统用于提高飞机的纵向动稳定性。图5.5所示为俯仰轴增稳系统的原理框图。输入的控制指令可以是诸如空速、俯仰角、俯仰角速率或高度等飞行参数。作动器是升降舵，两个测量装置分别是迎角传感器和俯仰角速率陀螺仪。长周期运动模式不会受到迎角反馈的显著影响。对于两个反馈信号，可用滤波器（未在框图中显示）来滤除噪声。

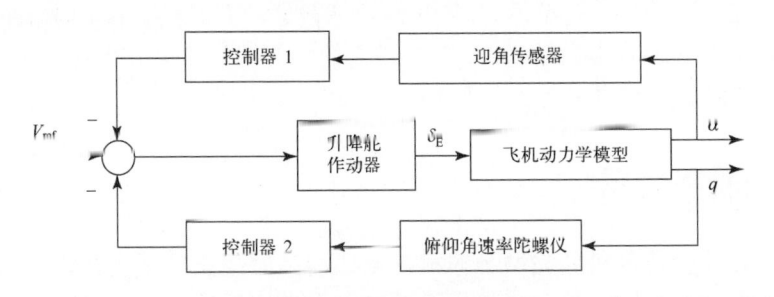

图5.5 俯仰轴增稳系统的原理框图

当俯仰稳定力矩系数 $C_{m_{\alpha}}$ 为正时，俯仰增稳系统将使俯仰运动曲线在工作迎角附近的区域内的斜率为负，以此保持纵向的静稳定性。

为了确保飞机纵向飞行品质处于可接受水平，应该同时采用两个控制器（控制器1和控制器2）。迎角反馈可使不稳定的极点从正半平面进入负半平面，这可通过根轨迹设计技术来实现。一般情况下，随着迎角反馈幅度的增大，闭环短周期模式极点的频率随之增加，同时极点向正半平面移动。

短周期运动模式极点的选择应使得增稳后的固有频率大于1rad/s，阻尼比大于0.3。长周期运动模式的极点会随控制器增益的变化而轻微移动。俯仰角速率反馈信号主要决定短周期模式的阻尼比。迎角反馈信号主要用于稳定短周期运动模式，并决定其固有频率。

20世纪80年代，A-6、A-7、S-3、F-14和F-18等五种美国海军战术飞机就已采用增稳系统来提高纵向稳定性[23]（见图5.6）。美国海军这样做的目的是通过引入等效系统的概念，利用已有要求来分析先进飞机/控制系统的配置。

图5.6 美国海军F/A-18C大黄蜂战斗机

F-18战斗机上装配有[23]一个高度复杂的数字式飞行控制系统。它结合了大量的补偿反馈、驾驶杆指令整形、超前-滞后滤波器，并且具有针对巡航和动力进近等飞行状态下的单独控制律。对杆力输入信号的俯仰角速率响应由巡航状态下的14阶传递函数和动力进近状态下的11阶传递函数描述。

5.3 偏航阻尼器

现代高性能战斗机、大型运输机在低速和高海拔条件下飞行时，荷兰滚阻尼较低。在这种情况下，大气扰流会引起航向速率的变化，给机组人员和乘员带来不好的体验。为了解决这一问题，可使用自动飞行控制系统来提高飞机的航向稳定性。在飞行过程中，偏航阻尼器可与自动飞行控制系统同时工作。2014年，Garmin航空公司对装有G5000综合飞行座舱的Beechjet 400A飞机进行了首航测试[27]。在飞行过程中，机组人员参与并评估了自动驾驶仪和偏航阻尼器的工作情况。

该系统旨在改进滚转稳定力矩导数和航向稳定力矩导数，这些气动导数可提高荷兰滚模式的阻尼比。本节主要介绍偏航阻尼器在AFCS中的应用。

5.3.1 基本偏航阻尼器

基本偏航阻尼器是一种通过方向舵来提高飞机航向稳定性的方向控制系统。

偏航阻尼器是通过消除/抑制航向振荡（荷兰滚）来增强飞机航向稳定性的。航向速率信号反馈到方向舵，产生偏航力矩，以抵消荷兰滚模式下的航向速率，改善荷兰滚阻尼。绝大多数具备高空巡航能力的大型飞机都配备了这种增稳模式。因为在高空飞行时，大气扰流影响作用增强，会导致机头持续左右摆动。自动驾驶模式将使航向始终保持在所需的方向上。

当飞机的航向阻尼不足时，采用偏航阻尼器后可优化垂直尾翼的设计。与没有偏航阻尼器的飞机相比，带有偏航阻尼器的飞机所需的垂直尾翼更小。该系统确保了全包线范围内良好的航向飞行品质。因此，飞机设计者能够在不影响航向飞行品质的情况下提高航向稳定性。

图5.7所示为基本偏航阻尼器的原理框图。航向速率的输入指令为零（$\dot{\psi} = r = 0$），因此偏航阻尼器将保持飞机实际的航向速率为零。航向速率陀螺仪用于测量航向速率，并为系统提供反馈信号。方向舵是基本偏航阻尼器的作动器，测量装置是航向速率陀螺仪，被控对象是航向速率。偏航阻尼器的主要作用是消除由大气扰流引起的航向速率。输入的参考指令为零航向速率。基本偏航阻尼器会减缓航向（ψ）和航向速率（$\dot{\psi}$）的变化，因此飞机的航向和航向速率的变化量最终变为零。控制器将通过方向舵作动器产生控制信号。

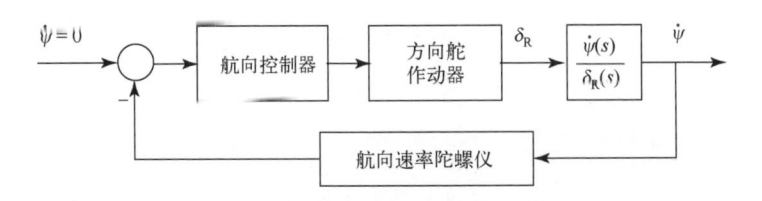

图5.7 基本偏航阻尼器的原理框图

许多飞机上都配备了航向速率阻尼器，以在荷兰滚模式下提供足够的阻尼

（如荷兰滚阻尼器）。当需要执行类似于航拍这样的精确任务时，偏航阻尼器有助于任务的完成。

作为稳定性和控制导数函数的近似偏航力矩方程[5]为

$$\ddot{\psi} - N_r\dot{\psi} + N_\beta\psi = N_{\delta_R}\delta_R \tag{5.8}$$

式中，N_r 和 N_β 为偏航稳定性导数，N_{δ_R} 为偏航控制导数。通过拉普拉斯变换，可以将差分方程转换为传递函数：

$$\frac{\psi(s)}{\delta_R(s)} = \frac{N_{\delta_R}}{s^2 - sN_r + N_\beta} \tag{5.9}$$

比较该传递函数与二阶系统的标准形式[见式（1.3）]，可得以下结论：

$$s^2 - sN_r + N_\beta = s^2 + 2\xi\omega_n s + \omega_n^2 \tag{5.10}$$

等式两端的对应项应相等，因此有

$$-N_r = 2\xi\omega_n \tag{5.11}$$

$$N_\beta = \omega_n^2 \tag{5.12}$$

或

$$\omega_n = \sqrt{N_\beta} \tag{5.13}$$

$$\xi = \frac{-N_r}{2\omega_n} = \frac{-N_r}{2\sqrt{N_\beta}} \tag{5.14}$$

低阻尼比将导致阻尼特性变差及超调量过大，此时自动驾驶仪很难在 xy 平面内稳定住飞行方向。合理的设计是阻尼比为 $0.35 < \xi < 1$，固有频率为 $0.1 < \omega_n < 1\mathrm{rad/s}$。可将理想的阻尼比和固有频率值代入式（5.13）和式（5.14）来设计反馈控制系统，使得方向舵的偏转与航向速率成正比：

$$\delta_R = -k\dot{\psi} \tag{5.15}$$

将控制偏差表达式代入式（5.8）得

$$\ddot{\psi} - N_r\dot{\psi} + N_\beta\psi = N_{\delta_R}(-k\dot{\psi}) \tag{5.16}$$

变换得

$$\ddot{\psi} - (N_{\delta_R} - kN_r)\dot{\psi} + N_\beta \psi = 0 \tag{5.17}$$

调整参数 k，可以获得较好的偏航阻尼。由此可以看出，偏航阻尼器是一种人工增强飞机偏航阻尼导数（N_r 或 C_{n_r}）的自动飞行控制系统增稳装置。

较为合理的设计是阻尼比大于0.3（$\xi > 0.3$），固有频率小于1rad/s（$\omega_n <$ 1rad/s）。MathWorks[12]提供了一个利用MATLAB对波音747的偏航阻尼器进行设计的范例。

转弯机动过程中也会用到偏航阻尼器。协调转弯时，飞机要以恒定的航向速率持续转弯。而当飞机以一定的滚转角（ϕ_1）开始转弯时，偏航阻尼器将试图使飞机改平，因为航向速率（角速率陀螺仪的输出信号）是滚转角的函数：

$$R_1 = \dot{\psi}_1 \cos\theta_1 \cos\phi_1 \tag{5.18}$$

式中，下标1表示稳态值。针对这个问题的解决办法是，在反馈回路中添加一个时间常数（τ）约为4s的一阶高通洗出滤波器（$\frac{s\tau}{1+s\tau}$）。该滤波器采用瞬时角速率反馈，其中反馈信号近似微分。虽然该滤波器使航向速率逐渐消失（减小至0），但是会使航向速率陀螺仪的响应滞后。

偏航阻尼器通过方向舵产生偏航力矩，以抵消荷兰滚模式产生的航向速率。在协调转弯过程中，航向速率是一个恒定的值，这就产生了一个问题：偏航阻尼器将试图消除这个恒定的航向速率。因此，在偏航阻尼器工作的情况下，飞行员必须加大蹬舵量来克服偏航阻尼器产生的力矩。一种解决方案是在转弯过程中断开偏航阻尼器。

另一种解决方案是采用一阶高通（洗出）滤波器来实现近似微分。由于滚转通道和航向通道之间存在强耦合，（洗出）滤波器的时间常数是在折中过程中确定的：①偏航阻尼器阻碍飞机进入转弯状态，因此时间常数不宜过大；②过小的时间常数会降低荷兰滚模式的阻尼。最佳增益值将确保安全转弯，且具有可接受的滚转性能（飞行品质）。

5.3.2 侧滑角反馈

无尾翼和小垂尾飞机的设计/制造方面存在航向静稳定性问题（如航向静不稳定）。解决该问题的方法之一是，通过侧滑角反馈信号来增强飞机的航向稳定性。图5.8所示为采用了侧滑角反馈控制的航向稳定性增强系统原理框图。与航向速率阻尼器类似，该系统也通过控制方向舵的偏转来提高飞机在 xy 平面内对阵风和气流扰动的抵抗能力。

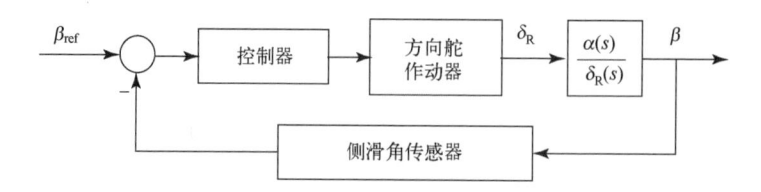

图5.8 采用了侧滑角反馈控制的航向稳定性增强系统原理框图

测量装置是风标式侧滑角传感器。由于对局部气流扰动过于敏感，叶片动力学始终是一个问题。由于较难界定所测气流方向是未扰动空气方向还是畸变的局部气流方向，使得局部气流方向的测量变得很困难。尽管在测量方面存在困难，但目前仍在普遍使用侧滑角 β 来控制协调转弯。基准侧滑角（β_{ref}）通常为零。

另一种有效的航向增稳系统控制的是侧滑角（β）及其变化率（$\dot{\beta}$）。侧滑角速率 $\dot{\beta} = d\beta/dt$ 反馈作为内环反馈添加到系统中，以提供更好的荷兰滚阻尼（荷兰滚阻尼器）。带有两个反馈回路的控制系统需要额外的传感器，如图5.9所示。在该控制系统中，采用常规的侧滑角传感器测量侧滑角，用侧滑角速率传感器测量侧滑角速度。使用积分器（1/s），通过侧滑角速率信号得到外环反馈的侧滑角信号。基准侧滑角（β_{ref}）通常为零。侧滑角-侧滑角速率增稳系统的性能优于常规的偏航阻尼器。F-15的飞/火综合控制系统中就采用了这样的增稳系统[4]。

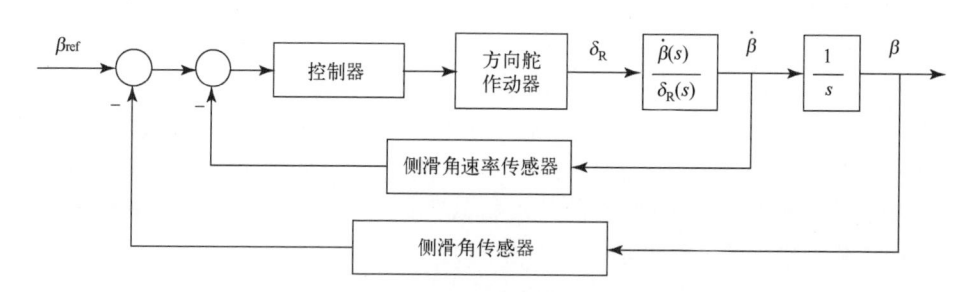

图5.9 偏航稳定系统双反馈原理框图

侧滑角到方向舵偏转角的传递函数是一个四阶特征方程。采用荷兰滚近似时，侧滑角到方向舵偏转角的传递函数为[2]

$$\frac{\beta(s)}{\delta_R(s)} = \frac{Y_{\delta_R}s + N_{\delta_R}Y_r - N_{\delta_R}U_1 - N_r Y_{\delta_R}}{s^2 - s\left(N_r + \dfrac{Y_\beta}{U_1}\right) + N_\beta + \dfrac{1}{U_1}(N_r Y_\beta - Y_r N_\beta)} \tag{5.19}$$

式中，U_1 为初始配平空速，其他参数为稳定性和控制横向-航向导数。

控制器的设计应确保荷兰滚模式下飞机在做偏航运动时的飞行品质处于可接受的水平。例如，可接受的最小[10]荷兰滚无阻尼自然频率为0.4rad/s。

5.4 滚转阻尼器

现代高性能战斗机、大型运输机和大多数通用航空飞机都存在横向稳定性不足的问题。当滚转角受到扰动时，此类飞机没有回到初始滚转角的能力。解决该问题的方法之一是，使用增稳系统来人为地稳定飞机的横向动力学特性。该系统主要改善的是稳定性导数 C_{l_p} 和上反系数（C_{l_β}），这些参数都能增加滚转阻尼特性。本节主要介绍滚转增稳系统。

滚转阻尼器是一个横向控制系统，它利用副翼来提高滚转稳定性。当滚转阻尼不足时，滚转阻尼器有利于机翼、水平尾翼和垂直尾翼的设计。与没有滚转阻尼器的飞机相比，带有滚转阻尼器的飞机的机翼更小。

通常，方向舵正偏会产生正滚转力矩和负偏航力矩。负偏航力矩会导致正侧滑，而正侧滑又会产生负滚转力矩。这些力矩相互作用，往往会抵消飞机起始滚转运动。因此，当设计滚转阻尼器和偏航阻尼器时，必须保证飞机能够安全实现协调转弯。

滚转阻尼器可以确保飞机在全包线范围内拥有良好的飞行品质。因此，飞机设计者可以在不影响横向飞行品质的情况下提高横向稳定性。滚转阻尼器的作动器是副翼（见图5.10），测量装置是滚转角速率（$p = \dot\phi$）陀螺仪。该系统会阻止滚转角（ϕ）的变化，因此飞机发生倾斜后都会逐渐改平。

许多飞机都配备有滚转角速率阻尼器，以在螺旋运动中提供足够的阻尼。当执行精确任务（如航拍或空中加油）时，滚转阻尼器将起到非常重要的作用。此外，采用滚转角速率闭环控制可减弱飞行高度/空速对滚转性能的影响。

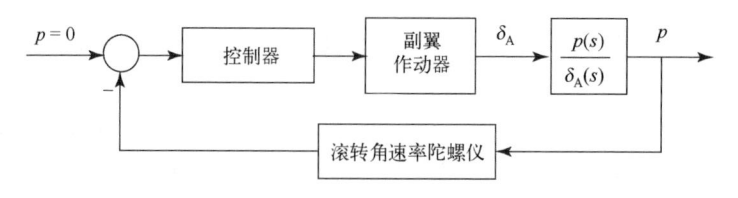

图5.10　基本滚转阻尼器原理框图

对常规布局飞机而言，横滚运动（横向动力学）与偏航运动（航向动力学）之间存在着很强的耦合关系。因此，当设计横向增稳系统（滚转阻尼器）和航向增稳系统（偏航阻尼器）时要协同考虑。设计时，通常采用多变量状态方程［两个输入（副翼和方向舵），以及两个或多个输出］。

滚转角到副翼偏转角的传递函数是一个四阶特征方程。采用滚转近似法时，滚转角到副翼偏转角的传递函数[2]为

$$\frac{\varphi(s)}{\delta_A(s)} = \frac{L_{\delta_A}}{s^2 - sL_p} \tag{5.20}$$

式中，L_{δ_A} 为副翼控制导数，L_p 为横向稳定性（侧倾阻尼）导数。

副翼产生的弯矩会在机翼柔性梁结构上传导，在传导过程中会被安装在机身中部的滚转角速率陀螺仪感受到。此时，可以采用弯曲滤波器来滤除机翼弯曲对滚转阻尼器造成的干扰。

飞机通常在大迎角（10°～12°）条件下进行着陆。飞机荷兰滚模式的阻尼特性，对在侧风条件下能否安全着陆起着至关重要的作用。滚转角速率反馈有助于飞机在进近过程中具有良好的滚转响应。因此，在着陆过程中，滚转阻尼器是非常必要的，主要用于提高荷兰滚模式下飞机的横向-侧向阻尼（主要用于满足荷兰滚模式下飞机的阻尼）。

偏航阻尼器设计过程中的另一个问题是确定控制器/补偿器的最优传递函数。由于横向、航向之间存在着较强的交叉耦合，因此在低动压和大迎角条件下获得良好的滚转响应是十分困难的。如果控制器增益过高，小迎角时的增益会变得过大，而较大的增益会使得副翼的偏转速度达到极限，进而引发舵机速率限制，这就导致在大迎角下副翼的偏转效率降低。因此，一个合适的增益将在保证滚转性能的同时提高飞机的横向稳定性。如果飞机具有良好的固有滚转阻尼（如大多数现代运输机），就不需要在滚转角控制内回路中设置滚转阻尼器。

5.5 横向-航向增稳系统

另一种能够有效解决飞机航向稳定性不足的方法是,在飞机的纵轴(x轴)和竖轴(z轴)上分别增加一个反馈回路来提高飞机的航向稳定性。滚转角速率信号反馈至副翼,航向速率信号反馈至方向舵(见图5.11)。这种偏航阻尼器考虑了横滚和航向运动之间的耦合,同时增强了横向和航向的稳定性。

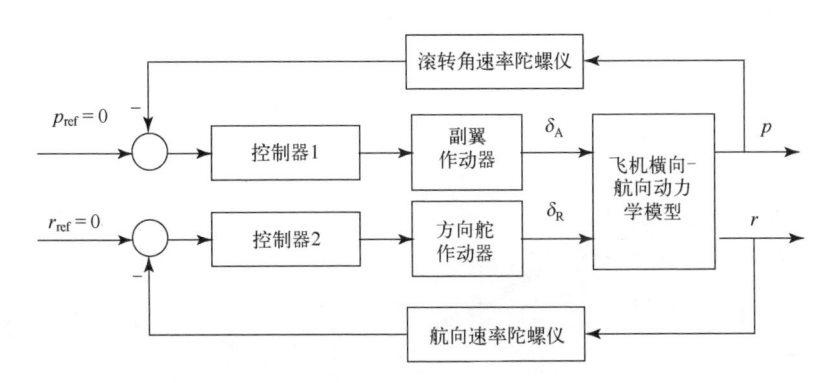

图5.11 横向-航向增稳系统原理框图

横向-航向增稳系统不仅抑制了荷兰滚,还避免了由于滚转引起的飞行高度下降问题(通过滚转角速率反馈)。此外,在协调转弯过程中,横向-航向增稳系统还减少了滚转性能的变化。这一点在着陆阶段尤为重要,因为着陆是在大迎角情况下进行的,且通常伴有侧风。

在基本横向-航向增稳系统中有两路反馈信号,分别是滚转角速率(p)和航向速率(r)。对应地,有两个控制器,一个作用于副翼,另一个作用于方向舵。

图5.12所示的仿真结果是战斗机对双脉冲输入信号的响应。在图5.12(a)中,向两侧副翼输入脉冲信号(±1°)。注意开环状态(横向增稳系统关闭)和闭环状态(横向增稳系统工作)下滚转角速率响应之间的差异。在图5.12(b)中,向双侧垂尾输入脉冲信号(±1°)。注意开环状态(横向增稳系统关闭)和闭环状态(横向增稳系统工作)下航向速率响应之间的差异。

从图5.12中可以看出荷兰滚阻尼的重大改善,以及航向速率响应的显著提高。

(a) 副翼双脉冲输入信号下的滚转角速率对比图

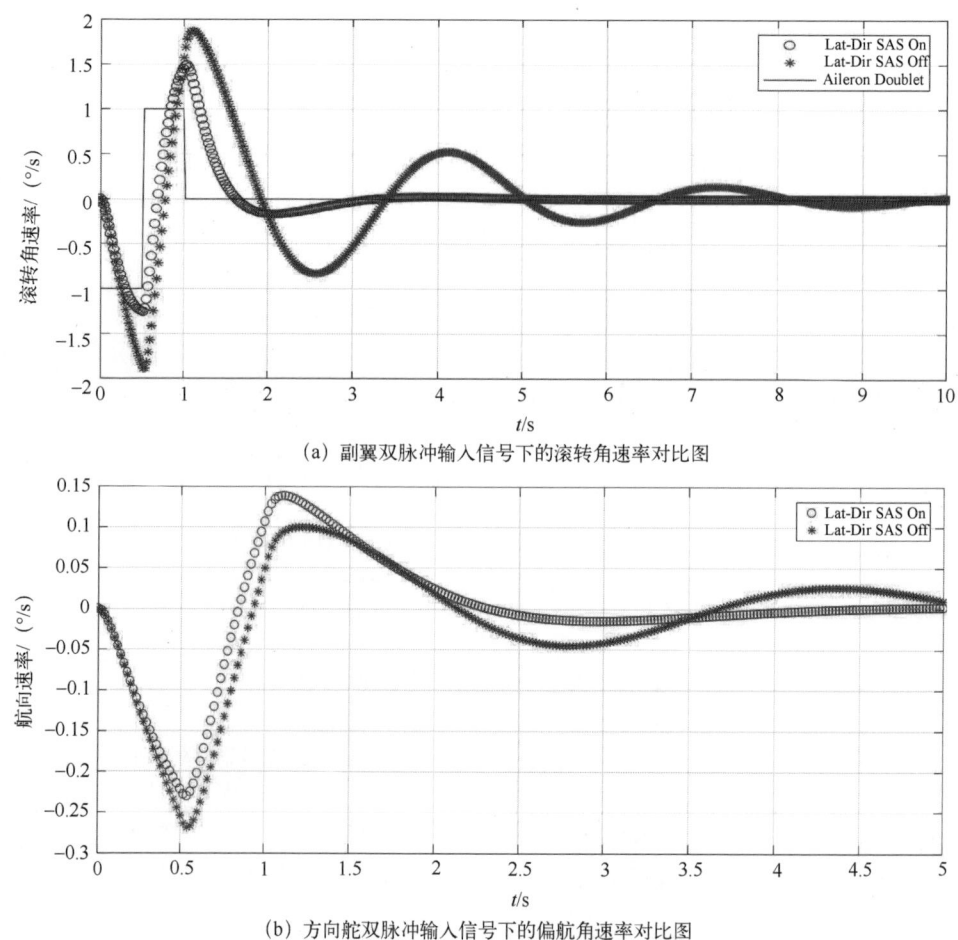

(b) 方向舵双脉冲输入信号下的偏航角速率对比图

图5.12 双脉冲输入信号下的滚转角速率和航向速率对比图

5.6 防失速系统

临界迎角（α_s）是机翼失速时的迎角（Angle of Attack，AoA），超过临界迎角时，升力系数将不再随着迎角的增大而增加。临界迎角与飞行安全密切相关，飞机巡航时若超过临界迎角，则会失去竖直方向上的力的平衡，造成失速。失速控制不当时，飞机可能进入螺旋状态并最终坠毁。对机头上仰问题的有效解决办法是，控制飞机的迎角始终在临界迎角以下。对于大迎角上仰的飞机，必须检查飞行控制系统控制上仰和防失速的能力。

飞机失速被公认为是最严重的安全问题，即机翼升力小于飞机重力的情况。目前，大多数飞机都装有失速告警和防失速系统。在失速状态下，可能遇到以下一种或多种情况：丧失俯仰操纵权限，丧失滚转控制能力，扰流抖振，无法控制下沉速率，垂直俯冲。

图5.13所示为正弧度翼形升力系数随迎角变化的曲线。对大多数翼形而言，临界迎角为12°~16°。这意味着无论是人工驾驶飞机还是自动驾驶飞机，都需要将迎角控制在16°以下。

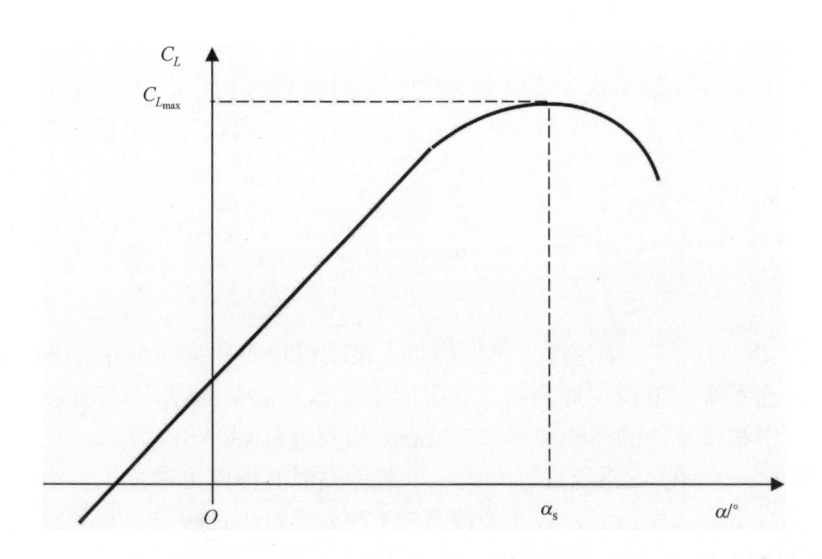

图5.13　正弧度翼形升力系数随迎角变化的曲线

当迎角超过临界迎角或者空速降低到失速速度以下时，都会导致飞机失速。失速迎角主要是机翼构型（如高升力装置偏转）和雷诺数的函数。然而，失速速度是飞机质量、飞机构型（如机翼和尾翼）、加速度、发动机推力/功率和大气条件的函数。防失速系统使用飞行测量技术来实时计算飞机的空速，进而判断飞机是否有失速的风险。

防失速系统的其他名称还有：①自动防失速系统；②自动保护系统；③机动特性增强系统（Maneuvering Characteristics Augmentation System，MCAS）。MCAS是由波音公司设计的一种飞行控制系统，用于模拟飞机在低速和大迎角情况下的俯仰特性。当飞机迎角超过临界迎角2°以下这个阈值（$\alpha_w - 2°$）时，就要控制机头向下（见图5.14）。该系统的设计初衷是在人工操作进行大坡度转弯时防止飞机失速。当它检测到飞机有失速风险时，就会调整水平稳定器使飞机低头。该系统应始终开启，并在超过临界安全裕度时向飞行员提供持续的防失速信息以及告警信号。

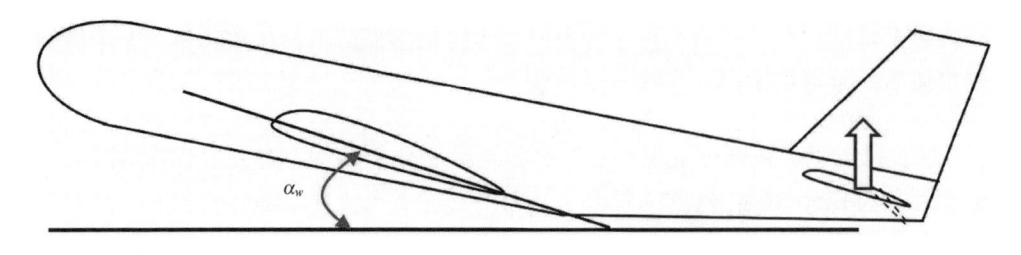

图5.14 升降舵下偏防止失速

飞机的临界迎角（α_s）是飞机构型、高升力装置构型、高升力装置的偏转角和机翼构型的函数，可由最大值升力系数（$C_{L_{max}}$）除以升力曲线斜率（C_{L_α}）得到：

$$\alpha_s = \frac{C_{L_{max}}}{C_{L_\alpha}} \tag{5.21}$$

参考文献[19]基于加速度、飞机构型、发动机功率和大气条件等飞行参数开发了防失速系统。值得一提的是，美国国家运输安全委员会（NTSB）发现2019年发生空中相撞事故的两架波音737 Max上均安装有MCAS。因此，波音公司计划对737 Max的MCAS系统进行升级，以避免类似的惨剧再次发生。由于MCAS系统与此次空难事件相关，数百架波音737 Max飞机因此停飞，直到MCAS系统升级改造完毕。

图5.15所示为防失速系统的总体框架。测量装置为迎角传感器，通过控制升降舵后缘下偏给飞机施加低头力矩。

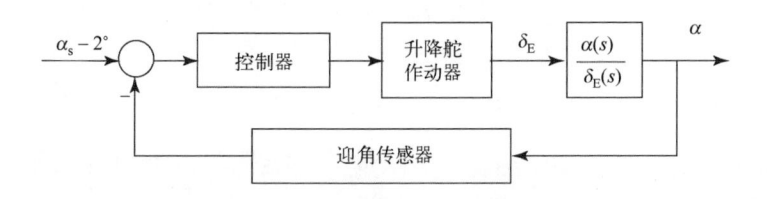

图5.15 防失速系统的总体框架

迎角传感器是一种叶片式气流传感器，通常安装在机翼前缘。由于很难区分测量的局部气流方向是未受干扰空气的方向还是变形的局部气流方向，局部气流方向的精确测量较为困难。导致2019年波音737 Max空难的主要原因是迎角传感器故障。

在更复杂的高性能飞机上，防失速系统还包括安装在机翼上的升力传感器和迎角指示器，该指示器以度数或临界迎角百分比的形式显示飞机的迎角。迎角控制系统的详细内容见5.2节，此处不再重复。

5.7 自动配平系统

配平是安全飞行的必然要求之一，当处于配平状态时，飞机不绕其重心转动，而保持原航向飞行（如巡航）。升降舵用于纵向上的配平，即保持纵向力矩的平衡。飞机完成俯仰、加力等机动动作或者重心位置发生变化后，都要重新进行配平。因此，自动配平系统可使飞机驾驶更加轻松。

本节主要介绍自动配平系统［也称速度配平系统（Speed Trim System）］。速度配平系统作为一种速度增稳系统，主要用于在低质量、后重心和大推力的飞行操作中改善飞行品质。在现代大型运输机中，自动配平系统是电传操纵（Fly By Wire，FBW）系统的组成部分之一，它向升降舵提供纵向配平输入（升降舵配平调整片偏转）。这是现代自动驾驶仪的一项新功能，因此接下来详细介绍该功能的工作原理。

纵向配平方程为

$$\sum M_{cg} = 0 \Rightarrow M_{owf} + M_{L_{wf}} + M_{L_h} = 0 \tag{5.22}$$

为了扩展方程，需要确定机翼-机身升力（L_{wf}）、水平尾翼升力（L_h）和机翼-机身气动俯仰力矩（M_{owf}）的变量（见图5.16）。将机翼-机身和水平尾翼力矩代入式（5.22）得

$$M_{owf} + L_{wf}(h\overline{C} - h_0\overline{C}) - L_h \cdot l_h = 0 \tag{5.23}$$

纵向配平无量纲方程为

$$C_{m_{owf}} + C_L(h - h_0) - \frac{l}{\overline{C}}\frac{S_h}{S}C_{L_h} = 0 \tag{5.24}$$

水平尾翼升力系数（C_{L_h}）的作用是，无论在何种空速、飞机质量、重心位置、高度和机翼构型条件下，都使该方程等于零。飞行员或自动驾驶仪通过控制升降舵的偏转来改变水平尾翼的升力系数。通常情况下，操纵面（如升降舵、副翼和方向舵）由飞行员或自动驾驶仪控制。使用升降舵/副翼、驾驶杆/驾驶盘/配平轮和脚蹬，实现对操纵舵面的控制。升降舵的偏转将产生铰链力矩，在大型运输机中这种铰链力矩非常大。

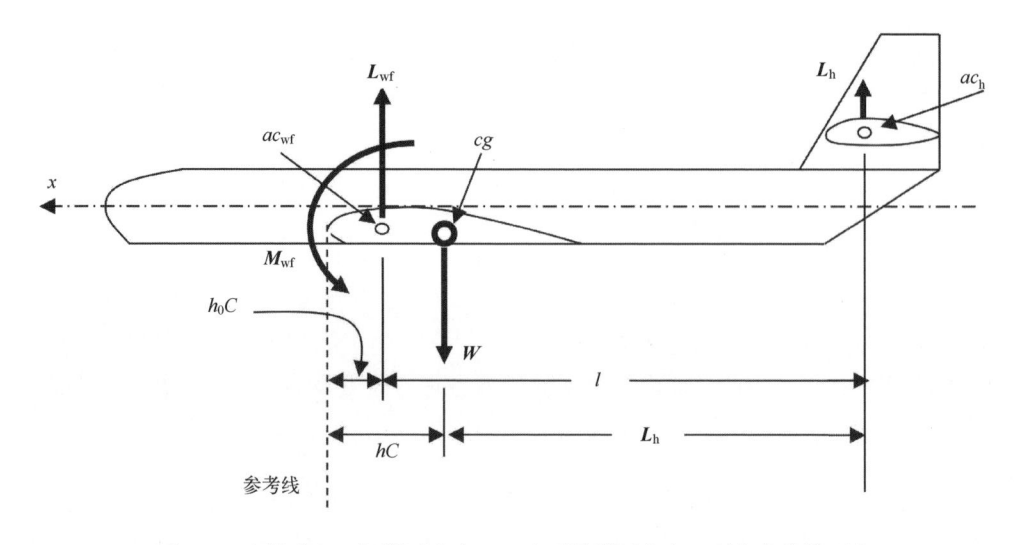

图5.16 飞机重心、机翼压力中心、水平尾翼压力中心到参考线的距离

只有操纵面产生的铰链力矩足够小,才能确保飞行员在长时间操纵过程中不感觉到疲劳(如几小时)。此外,操纵面产生的空气动力(如果处理不当)可能与惯性力相互作用,产生一种称为颤振(Flutter)的机体结构变形现象。在座舱内,飞行员是通过旋转配平轮对升降舵和水平调整片进行控制的。

用来减少/卸除杆力(实现空气动力学平衡)的方法有两种:①调整水平尾翼迎角(冲角);②调整配平调整片(通常为伺服调整片)。第二种方法的配平阻力较低,但会增加作动器的复杂度。所有操纵舵面的空气动力都要保持平衡,如升降舵、副翼和方向舵。在大型运输机(如较早的波音飞机)中,通常使用升降舵来卸除杆力。事实上,现代波音737上没有配平调整片,而配备了伺服调整片。以上两种方法都配备了舱内升降舵配平机构。

对大型飞机而言,杆力和各舵面的铰链力矩通常都非常大。一些多引擎运输机在起飞或复飞阶段,当升降舵配平调整片调整不到位时,需要飞行员克服杆力和铰链力矩。

作用于操纵面上的铰链力矩与其他飞机空气动力学力矩的定义类似,如下所示:

$$H = \frac{1}{2}\rho U_1^2 S_c C_c C_h \tag{5.25}$$

式中,S_c 为控制面面积(如 S_E),C_c 为控制面的的平均气动弦长(如 C_E)。参

数 C_h 为铰链力矩系数，由以下公式给出：

$$C_h = C_{h_0} + C_{h_\alpha}\alpha_{LS} + C_{h_{\delta_c}}\delta_c \tag{5.26}$$

式中，α_{LS} 是升力面的迎角（如水平尾翼），δ_c 是操纵面挠度（如 δ_E），δ_t 是调整片挠度。在操纵舵面后缘使用调整片，可在不进行纵向操纵的情况下实现空气动力学平衡。当升力面配备有调整片时，铰链力矩系数 C_h 由以下公式给出：

$$C_h = C_{h_0} + C_{h_\alpha}\alpha_{LS} + C_{h_{\delta_c}}\delta_c + C_{h_{\delta_t}}\delta_t \tag{5.27}$$

大多数飞机上都安装有多个调整片，以减弱铰链力矩和控制力。最基本的调整片是配平调整片；顾名思义，它是飞机在巡航飞行时作用于升降舵进行纵向配平的。配平调整片用于卸除杆力。调整片能够确保飞行员不会因为长时间握住驾驶杆/驾驶盘而感到疲劳。调整片由驾驶舱内的配平轮直接操纵。

调整片与操纵面协同偏转。通常，调整片有两个功能：①卸除杆力；②在配平速度下保持空速稳定。波音747和波音737大型运输机上配备了水平尾翼和垂直尾翼配平调整片。洛克希德·马丁公司的C-130B军用运输机配备了水平尾翼配平调整片，以及伺服调整片。

操纵面的偏转也可通过伺服调整片来驱动。飞行员控制伺服调整片，伺服调整片控制操纵面。杆力取决于操纵面和调整片的铰链力矩。伺服调整片的一端连接驾驶杆，另一端连接操纵面。与其他调整片类似，伺服调整片的主要功能是减弱驾驶杆的操纵力。

图5.17说明了通过配平调整片控制水平尾翼和升降舵的两种方法：(a)水平尾翼、升降舵和配平调整片；(b)可调水平尾翼和升降舵。在以上两种情况下，配平轮可由飞行员手动操纵，也可采用自动方式操纵。自动驾驶仪可通过电机控制配平调整片，进而控制水平尾翼或配平调整片的位置。飞机上必须安装配平切断开关，一个用于自动驾驶仪，另一个用于正常电动配平。切断开关在配平系统失控时应能立即切断电动配平。

升降舵用于对飞机俯仰姿态和迎角进行直接、快速、有限的控制；水平尾翼用于配平飞机的位置，当驾驶杆释放时，它将回到杆力为零的位置，同时稳定飞机的飞行状态。

在方法(a)中，当转动驾驶舱配平轮使飞机低头时，升降舵配平调整片的后缘向上偏转。同样，当转动驾驶舱配平轮使飞机抬头时，升降舵配平调整片的后缘向下偏转。升降舵的配平既可通过转动节气门底座旁的配平轮进行人工调节，也可通过按压位于驾驶杆左侧的电动配平按钮进行自动调节。调整/旋转配平轮，可以卸除掉升降舵的铰链力矩。

(a) 水平尾翼、升降舵、配平调整片

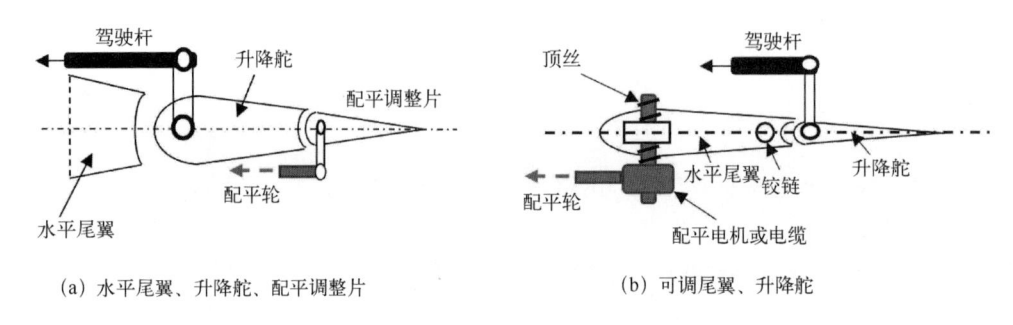

(b) 可调尾翼、升降舵

图5.17 可调水平尾翼与配平轮对比

在方法(b)中，配平轮控制水平尾翼的设定角度。水平尾翼上安装有支点、铰链和前螺旋顶杆。驾驶杆操纵升降舵进行偏转，配平轮操纵水平尾翼进行偏转。后拉驾驶杆，升降舵后缘向上偏转，飞机抬头。此时，尾翼必须自动或手动操纵向下偏转，以卸除杆力。尾翼面积比升降舵的面积大很多，因此在飞机姿态转到极限位置时的尾翼比升降舵更有效。

图5.18所示为速度增稳系统（也称配平轮自动控制系统）的原理框图。图中，配平轮控制尾翼设置角（α_h）。该系统使得飞机定高飞行时的杆力为零。该系统中有两个反馈信号，即由杆力传感器测得的杆力（F_s）信号和由高度表测得的高度信号。控制器也有两个：一个用于控制升降舵，另一个用于控制配平轮。输入指令为零杆力指令信号，作动器是电动配平轮。对于两个反馈信号，可使用滤波器（未在图中显示）来滤除噪声。

杆力是铰链力矩和空气动力传导机制的函数：

$$F_s = G_e H \tag{5.28}$$

式中，参数 G_e 为传动比，其单位为rad/in或°/m。杆力范围（包括短航时和长航时飞行）由联邦航空管理局（FAA）规定。随着飞机尺寸（实际上是水平尾翼平面面积）、空速和尾翼安装角度的增加，铰链力矩和杆力随之增加。注意，尾翼迎角是下洗角（ε）的函数，将式（5.25）中的铰链力矩代入式（5.28）得[2]

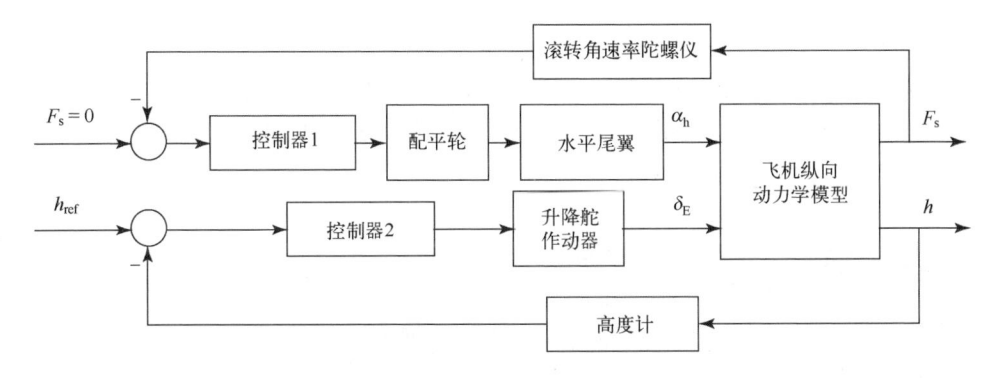

图5.18 速度增稳系统的原理框图

$$F_s = \frac{1}{2}\rho U^2 S_e C_e G_e \left[C_{ho} + C_{h\alpha}\left\{\alpha\left(1-\frac{d\varepsilon}{d\alpha}\right)+\alpha_h-\varepsilon_0\right\} + C_{h_{\delta_E}}\delta_E \right] \quad (5.29)$$

式中，S_e 和 C_e 分别为升降舵面积和弦长。升降舵铰链力矩系数（C_h）的风洞数据参见文献[18]，该文献中介绍了九个尾翼的模型。这些实验结果可以在估算铰链力矩时确定精度。使用式（5.28），可以推导出杆力到尾翼设定角的传递函数 $F_s(s)/\alpha_h(s)$。

5.8 习题

1. 列出三种安装有增稳系统的飞机。
2. 画出增稳系统的简化框图。
3. 列出不少于四种增稳系统的功能。
4. 概述滚转阻尼器的基本工作原理。
5. 概述俯仰阻尼器的基本工作原理。
6. 概述偏航阻尼器的基本工作原理。
7. 概述配平轮自动控制原理。
8. 俯仰阻尼器的基本功能是什么？
9. 滚转阻尼器的基本功能是什么？
10. 偏航阻尼器的基本功能是什么？
11. 滚转阻尼器改进了哪些稳定性导数？
12. 俯仰阻尼器改进了哪些稳定性导数？
13. 偏航阻尼器改进了哪些稳定性导数？
14. 画出基本滚转阻尼器的原理框图。
15. 画出基本俯仰阻尼器的原理框图。

16. 画出基本偏航阻尼器的原理框图。
17. 画出迎角控制系统的原理框图。
18. 画出配平轮自动控制原理框图。
19. 概述迎角传感器的特点。
20. 概述俯仰阻尼器和俯仰增稳系统的区别。
21. 概述航向阻尼器和横向增稳系统的区别。
22. 哪种传感器用于测量俯仰角速率信号？
23. 列出五种20世纪80年代采用增稳系统的海军战术飞机的名字。
24. 俯仰阻尼器针对哪些振荡运动模式进行改进？
25. 航向阻尼器旨在稳定哪种振荡运动？
26. 描述一阶高通滤波器的特征。
27. 提出无尾翼飞机航向静稳定性问题的合理化解决办法。
28. 在什么样的情况下飞机会失速？
29. 什么是常规翼形的临界迎角？
30. 防失速系统还叫做什么？
31. 描述2019年两架波音737 Max发生空中相撞事故的原因。
32. 配平轮的功能是什么？
33. 运输机卸除杆力的两种方法分别是什么？
34. 影响舵面铰链力矩的参数有哪些？
35. 阐述通过配平轮控制水平尾翼的方法。

第 6 章
控制增稳系统

6.1 引言

一些自动驾驶模式改善了飞机的稳定性（如在第 5 章中介绍的 SAS 模式），而另一些模式则提升了飞机的操纵能力。这些模式增强了飞机对控制输入的响应。慢运动模式（例如纵向摆动和横向盘旋）可由飞行员控制。在此类模式中，飞行员需要持续集中精力控制飞机，因此一些自动驾驶模式力图为飞行员创造一种愉快轻松的飞行体验。控制增稳系统（Command Augmentation System，CAS）旨在向飞行员提供对控制输入的特定响应。因此，控制增稳系统是一种自动驾驶模式，是一种旨在"减轻飞行员负担"的自动飞行控制系统，尤其适用于高性能战斗机。需要注意的是，指令信号主要还是由飞行员发出。

换句话说，CAS 旨在控制飞机的自然运动模式，并确保飞行员能获得特定的控制输入反馈。在参考文献[1]中，SAS 和 CAS 被称为非自动驾驶功能，而保持功能则被称为自动驾驶模式。在本书中，SAS 和 CAS、保持模式以及航迹控制模式都被称为 AFCS 功能。在许多情况下，虽然 SAS 与 CAS 均涉及对角速率的调控，但它们有所区别：当大气扰动产生角速率时，SAS 抑制角速率变化，而当由飞行员/自动驾驶仪产生控制指令时，CAS 增强控制指令。

参考文献[3]将 CAS 归类为使用多变量 AFCS 的主动控制技术（Active Control Technology，ACT）。AFCS 已发展到可为飞行员提供针对特定任务的个性化功能。CAS 用于改善飞机的机动性能、动态飞行特性和结构动力学特性。使用 CAS，飞机实现了超出传统飞机能力的机动性能。

此外，CAS 系统还降低了飞机在运动过程中的结构载荷。如果没有 CAS，飞机就可反复承受高水平的应力以及峰值载荷。这些结构振动可能影响飞机结构的寿命，因此可以说 CAS 提供了阻尼。CAS 的另一个优点是可以防止对飞机的飞行操作造成严重限制，主要表现为减少有效载荷或性能降低。

在指令增强的类别中,有三种基本模式可用:①指令跟踪;②指令生成器跟踪;③法向加速度 CAS。指令跟踪系统主要分为两种模式:①俯仰角速率跟踪;②滚转角速率跟踪。指令生成器跟踪又被称为模型跟踪系统,因为它创建了时变轨迹。而 CAS 则为所有的纵向、横向和偏航控制功能提供增稳支持。

高机动性飞机中的一个基本控制增稳系统是放宽静稳定系统(Relaxed Static Stability System,RSSS)。理论上,放宽静稳定性(纵向/横向/航向)可以增强飞机的机动性。RSSS 还能使飞机对控制面偏转产生更好的动态响应。在实践中,这种 AFCS 会减少配平阻力,同时使尾部面积变小,还可以显著减轻飞机结构质量。当飞机的静态稳定性放宽时,动态稳定性会降低。因此在设计 RSSS 时,设计师必须确保飞机的飞行品质得到恢复。

一般将稳定飞机并提供自动协调转弯和俯仰-滚转指令跟踪的 AFCS 模式称为 CAS。该模式通常采用线性控制律,并且根据关键飞行变量(如马赫数、过载和海拔高度)来调整增益。传感器/作动器的非线性(如饱和、死区和滞后)也应在这个框架中考虑。为了提供鲁棒性,应使用补偿器来提供所需的干扰抑制特性。参考文献[42]中介绍了高性能战斗机的非线性控制增稳系统的开发。

本章介绍四种控制增稳系统的目标、框图和特点:①法向加速度 CAS;②俯仰角速率 CAS;③横向-航向 CAS;④阵风载荷减缓系统(Gust Load Alleviation System,GLAS)。

6.2 法向加速度 CAS

为了提高战斗机在作战机动中的效用,常使用法向加速度(通过滚转角速率 p 获取)指令来控制增稳。法向加速度(a_n)是在机体坐标系中 z 轴负方向的加速度分量。在小迎角(α)下,升力方向几乎与机体负 z 轴重合。在飞机应用中,加速度常以 g 为单位进行测量。如第 3 章所述,飞机升力(L)与飞机质量(W)之比称为过载(n):

$$n = \frac{L}{W} \tag{6.1}$$

除了转弯机动,在拉起和俯冲机动过程中也会产生法向加速度。在低 α、β 和 ϕ 情况下,加速度计输出是过载系数的近似测量值。当从过载中减去 $1g$ 时,就得到法向加速度(加速度计输出):

$$a_n \approx n - 1 \tag{6.2}$$

考虑这样一种情况：飞机仅俯仰运动，既不偏转又不滚转。通常情况下，法向加速度并非在飞机的重心测量，而在其他位置测量。设想有一台加速度计安装在机身 x 轴上，位于飞机重心前方 l_a 处。该加速度计测量得到的法向加速度是 z 方向上的线性加速度（$w = a_z$）和绕重心的俯仰角加速度的函数：

$$a_n = \dot{Q} l_a - a_z \tag{6.3}$$

在恒定空速（U_0）和俯仰运动的情况下，通过以下公式获得法向加速度：

$$a_n = U_0(Q - \dot{\alpha}) - a_z \tag{6.4}$$

式中，Q 是俯仰速率。一般来说，法向加速度是空速、迎角、俯仰角速率和升降舵偏角的函数。定义法向加速度和过载后，下面简要描述法向加速度 CAS 的一些应用。

在任何转弯飞行中，都会因滚转角产生法向加速度。在最大转弯速率和最小转弯半径的转弯中，过载不能超过飞机的结构限制（过载）或飞行员的身体限制。法向加速度 CAS 旨在帮助飞行员控制沿 z 轴负方向产生的加速度。

最大允许过载受限于飞机的结构强度或人体耐受力。每架飞机都有自身的最大允许过载。例如，EF-2000 台风 F2（见图 6.1）是一种双发三角翼多功能战斗机，最大过载为 9。由于血液循环受到过载的影响，飞行员和乘员承受过载存在极限。在拉升机动中，飞行员关注的是稳态法向加速度。当过载超过 2 时，一般的人类/飞行员会感到不舒服。当转弯的法向加速度持续为 $2g$ 或更高时，转弯将对飞行员造成压力。

法向加速度 CAS 的另一个应用是保护长时间工作的机组人员免受不适。阵风往往对法向加速度有相当大的影响。细长的机身可能在前机身中经受横向和纵向加速度，其自然振动频率约为 1Hz。这种振动频率会给飞行员和乘员带来明显的不适。在这种情况下，用于纵向运动的合适控制变量是飞机的法向加速度（n_z）。

此外，对高性能战斗机的飞行员来说，他们必须将飞机机动到其性能极限，并执行诸如精确跟踪目标等具有挑战性的任务，此时法向加速度 CAS 能提供更高效的任务执行能力。因此，对高性能转弯而言，法向加速度（g 指令）是飞行控制系统操作的适当参考指令。在上述情况下，需要 AFCS 在飞行员所在的位置或高度上控制法向加速度。

图 6.1　EF-2000 台风 F2

图 6.2 显示了法向加速度 CAS 的控制框图，图中有三个反馈（法向加速度、俯仰角速率和俯仰角加速度）和两个传感器（法向加速度计和俯仰角速率陀螺仪）。第二个回路中的参数 l_a 表示加速度计的力臂。当加速度计位于飞行器的重心时，l_a 为零，a_n 和 n_z 相同。系统有两个输入：①参考 a_n；②通过驾驶杆的飞行员输入。因此，升降舵由两个来源并联偏转：一个是飞行员为了预期的机动，另一个是控制系统为了补偿飞机在法向加速度方面的响应不足。

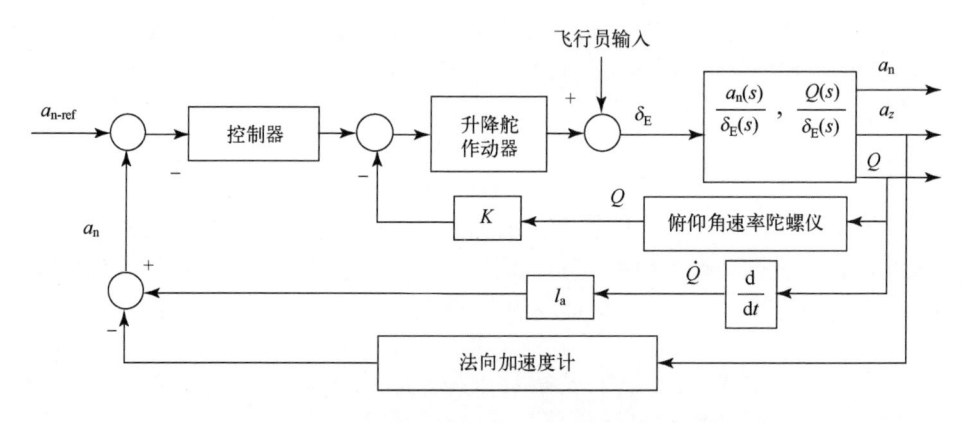

图 6.2　法向加速度 CAS 的控制框图

法向加速度到升降舵输入的传递函数是一个四阶特征方程：

$$\frac{a_n(s)}{\delta_E(s)} = \frac{K(s^3 + b_2 s^2 + b_1 s + b_0)}{a_4 s^4 + a_3 s^3 + a_2 s^2 + a_1 s + a_0} \tag{6.5}$$

法向加速度不是一个状态变量，可以通过展开纵向状态空间模型来推导分子和分母系数的表达式。利用迎角（α），可以得到法向加速度到升降舵偏转角的传递函数：

$$\frac{a_n(s)}{\delta_E(s)} = \frac{a_n(s)}{\alpha(s)} \frac{\alpha(s)}{\delta_E(s)} \tag{6.6}$$

迎角到升降舵舵偏转角的传递函数 $\alpha(s)/\delta_E(s)$ 已在第 3 章中介绍。法向加速度到迎角的传递函数[3]是纵向稳定性和控制导数的函数：

$$\frac{a_n(s)}{\alpha(s)} = \frac{U_0}{gM_{\delta_E}} (Z_{\delta_E} M_w - M_{\delta_E} Z_w) \tag{6.7}$$

过载（n）可用航迹角（γ）的变化率表示为

$$n = \frac{U_0 \dot{\gamma}}{g} \tag{6.8}$$

航迹角为 $\gamma = \theta - \alpha$，因此过载到升降舵输入的传递函数为

$$\frac{n(s)}{\delta_E(s)} = \frac{U_0}{g} s \left(\frac{\theta(s)}{\delta_E(s)} - \frac{\alpha(s)}{\delta_E(s)} \right) \tag{6.9}$$

飞机重心处的法向加速度应该被最小化，以使输出响应位于特定范围内。采用这样的措施后，可以最大限度地减小乘坐不适指数。

设计法向加速度控制系统以实现良好的飞行品质是具有挑战性的任务。为了满足法向加速度控制要求，可以采用各种控制器；其中最简单的控制器只有两个增益。推导出所有传递函数后，设计问题就变为确定增益 K 和控制器特性。可以设计一个最优控制器，它提供唯一且稳定的控制律。控制器的增益可通过飞行测试来调整和优化。

法向加速度反馈的一个缺点是传递函数的增益（K）随着空速变化而快速变化。加速度计对结构振动非常敏感。因此，为了在湍流中实现精确的飞行路径控制，需要为加速度计设置一个相对较低的阈值。此外，应对测量信号进行滤波。

产生良好法向加速度阶跃响应的控制增稳系统的俯仰角速率响应可能具有非

常大的超调量。因此,应同时设计法向加速度控制增稳系统和俯仰角速率控制增稳系统。

战斗机的控制系统通常设计为在高速时控制法向加速度、在低速时控制俯仰角速率,这样往往也会使得飞行员需要关注更多的飞行参数。

6.3 俯仰角速率 CAS

俯仰轴控制增稳系统的另一种常见操作模式是俯仰角速率(Q)指令系统。许多飞行操作和机动需要良好的俯仰角速率响应。例如,该系统可以阻止飞机快速上仰(pitch-up),这种情况通常发生得很快,飞行员无法控制。

一个有效的俯仰角速率 CAS 的例子是大迎角机动。在大迎角情况下,可能产生一个强烈的向上仰力矩。在这种飞行条件下,水平尾翼可能失速,因此很难通过升降舵偏转产生必要的低头力矩。解决方案是使用控制增稳系统来产生一个低头力矩。

在战斗机的两个飞行操作中,俯仰角速率响应有两个相互冲突的要求:①需要高超调以便捕获目标;②使用瞄准装置进行精确目标跟踪时,要求无超调。一个设计优良的俯仰轴 CAS 能够在上述两种情况下均提供令人满意的俯仰角速率响应。此外,在进近和着陆阶段,控制俯仰角速率也是首要的目标。

俯仰角速率 CAS 系统如果设计得当,能够产生良好的超调,但这可能会导致法向加速度响应变得迟缓。建议将俯仰角速率和法向加速度的指令增强平稳地结合在一起。因此,同时设计法向加速度控制增稳系统和俯仰角速率控制增稳系统更有益处。

在 xz 平面的飞行机动中,主要的控制面是升降舵,六个飞行输出参数是迎角、俯仰角、俯仰角速率、空速、高度和法向加速度。其中,战斗机飞行员最关注的两个参数是俯仰角速率(Q)和法向加速度(a_n)。这两个参数可以线性组合[3]为一个新参数 C^*:

$$C^* = x_{\text{pilot}} n_z + K_1 Q \tag{6.10}$$

式中,Q 的单位是 rad/s,n_z 的单位是 g,x_{pilot} 是飞行员座舱的指示(加速度计到前方重心的距离)。系数 K_1 是根据飞机配置和满意的机动性要求选择的。C^* 对升降舵输入或阵风的响应[1]应该具有以下特性:①最大超调量小于 60%;②上升时间小于 2s；③稳定时间小于 3s；④零稳态误差。

参数 C^* 是时间的函数，因此可视为飞机的一个输出。参数 C^* 表示法向加速度和俯仰角速率对飞机总响应的贡献。C^* 最初为零，但会逐渐增加到相应的稳态值。C^* 的瞬态响应具有与短周期运动相关联的二阶模态特征。

图 6.3 所示为一个俯仰角速率 CAS 的框图，其中包括一个内环。该系统有两个输入：期望的 Q 和飞行员通过驾驶杆的输入。因此，升降舵通过两个来源并联来偏转：一个是飞行员用于预期机动操作的输入，另一个是控制系统用于补偿飞机在俯仰角速率响应方面不足的输入。俯仰角速率由俯仰角速率陀螺仪测量，迎角由迎角传感器感知。俯仰角速率到升降舵偏转角的传递函数 $\alpha(s)/\delta_E(s)$ 和迎角到升降舵偏转角的传递函数 $Q(s)/\delta_E(s)$ 已在第 3 章中介绍。

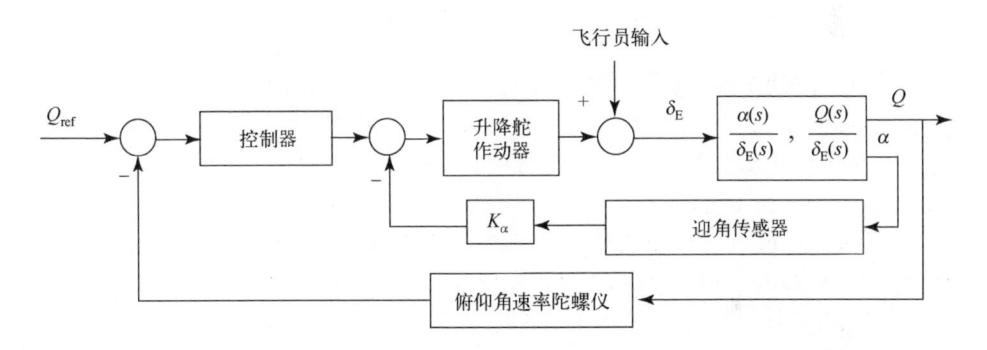

图 6.3　一个俯仰角速率 CAS 的框图

这个控制系统在拉杆上升（拉起）或推杆下降（俯冲）时，无须驾驶杆偏转就能保持平稳爬升或下降。通过将短周期和沉浮模式的四个极点调整到期望位置，该控制系统增强了飞机的纵向动态稳定性。

内环反馈控制器可能只是一个增益。超前滞后型主控制器（如 $\frac{K(s+a)}{s+b}$）可用来控制迎角和俯仰角速率。然而，PI 控制器可提供更精确的控制。控制律的选择和设计可以使用多学科优化技术确定。

可以基于短周期模式的动力学模型进行初步设计。通过增加一个控制器为 K_α 的内回路攻角反馈，改善俯仰角速率响应。由于有两个输出（Q 和 α）和一个输入（δ_E），使用状态空间模型更方便。在 MATLAB 中，可以使用 tf2ss 命令将两个传递函数转换为一个状态空间模型。经过权衡，可以获取一个有前景的设计，获得理想的俯仰角速率闭环阶跃响应。

6.4 横向-航向 CAS

如战斗机这样需要在大迎角条件下进行机动的高性能飞行器，一般还要配备横向航向控制增稳系统。在需要于大迎角下快速机动的高性能飞行器（如战斗机）中，强烈推荐使用横向-航向控制增稳系统。这种类型的 CAS 将帮助飞行员进行快速机动，其中需要滚转和偏航运动。横向-航向 CAS 的另一个应用是控制战斗机中的惯性耦合灾难性现象。下面介绍这两种情况。

第一个说明横向-航向 CAS 有效作用的例子是大迎角转弯时的快速 90°滚转。在这种机动中，由于大迎角将立即转化为大侧滑角，滚转将起反作用。这被称为不利侧滑（Adverse Sideslip），因为它倾向于阻碍初始滚转，而这种滚转将是一个效率低下的转弯进入方式。此外，大侧滑角是不可取的，因为它会降低控制面（如副翼和方向舵）的有效性。大侧滑角还会产生很大的侧向力，甚至导致垂直尾翼断裂。

为了在大迎角下保持初始迎角，进而在转弯中滚转，横向-航向 CAS 被激活。没有横向-航向 CAS 的飞行器在大迎角下的滚转响应大大降低。这种控制增稳系统被设计成使飞机绕其稳定轴 x 轴（速度向量）滚转，而不绕机身 x 轴滚转。

惯性耦合被定义为当滚转角速率等于俯仰/偏航固有频率中的较低值时，俯仰/偏航的共振发散。根据欧拉运动方程［见式（1.14）］，惯性耦合产生的俯仰力矩（M_{IC}）可以计算得到：

$$M_{IC} = \dot{Q}I_{yy} = (I_{zz} - I_{xx})RP \qquad (6.11)$$

在具有重型机身和低展弦比机翼的战斗机中，机翼和尾翼产生的气动力矩不足以在大迎角滚转下保持飞行器稳定。因此，在大迎角下快速绕稳定轴 x 轴滚转可能产生一个较大的机头向上俯仰力矩。这种飞行器配置在这种飞行条件下会导致机动问题，并且可能导致飞机失事。飞行员可能无法抵消惯性耦合引起的俯仰力矩，但是可以设计横向-航向 CAS 来消除这种力矩。

横向-航向控制增稳系统的主要目标是以期望的方式控制转弯。转弯中的期望偏航必须满足零控制的自然频率（ω_c）与荷兰滚的自然频率（ω_{dr}）的比值大于 1（见图 6.4）。

图 6.5 所示为战斗机横向-航向 CAS 的构造和基本要素。在基本的横向-航向 CAS 中，有两个反馈：滚转角速率（P），由滚转角速率陀螺仪测量；航向速率（R），由航向速率陀螺仪测量。因此，将有两个控制器，一个用于副翼，另

一个用于方向舵。

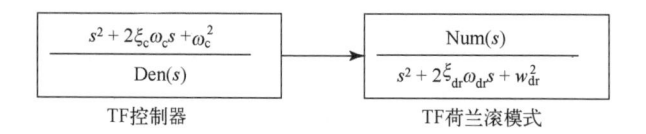

图 6.4 阻尼荷兰滚的级联控制器框图

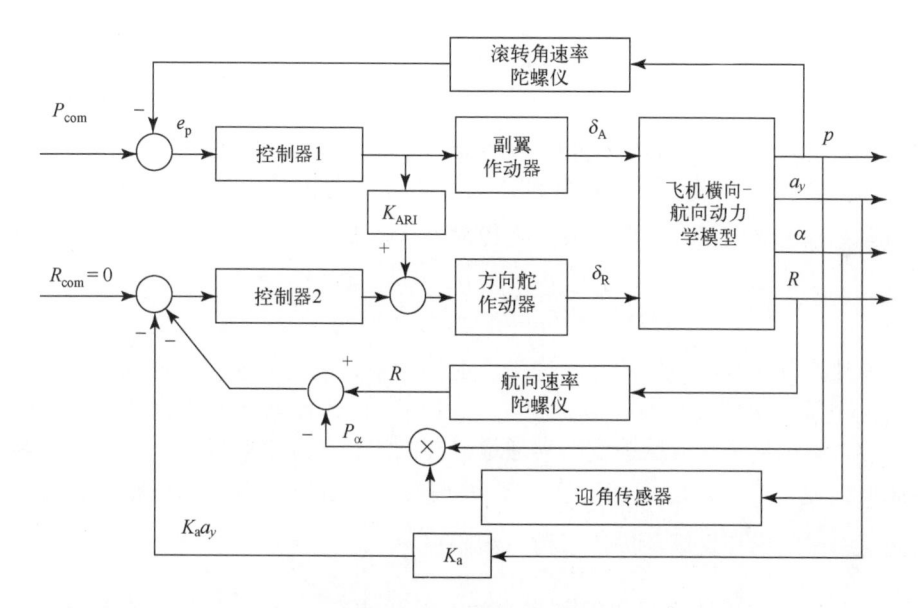

图 6.5 战斗机横向-航向 CAS 的构造和基本要素

副翼由控制器 1 根据来自指令的滚转角速率（p_{com}）的误差信号（e_p）控制。副翼输入还通过副翼-方向舵互联（ARI）增益与方向舵伺服器相连。该增益（K_{ARI}）将由迎角（α）和马赫数（M）调整。这种互联提供了实现稳定轴滚转所需的航向速率分量：

$$R = P\tan\alpha \tag{6.12}$$

因此，在正迎角下，滚转角速率（p）和航向速率（r）必须具有相同的符号。K_{ARI} 的值应该满足航向速率约束［见式（6.12）］。

为了构建正确的反馈，需要将机身坐标系中的滚转角速率（P）和航向速率（R）转换为稳定坐标系中的滚转角速率（P_s）和航向速率（R_s）。利用坐标变换，可以得到从机身坐标系到稳定坐标系和从稳定坐标系到风坐标系的变换矩

阵。以机身坐标系的滚转角速率和航向速率为基础，在不考虑侧滑的情况下，稳定坐标系的滚转角速率和航向速率可以表示为

$$P_s = P\cos\alpha + R\sin\alpha \tag{6.13}$$

$$R_s = -P\sin\alpha + R\cos\alpha \tag{6.14}$$

线性化这些方程得

$$P_s = P + R\alpha \tag{6.15}$$

$$R_s = -P\alpha + R \tag{6.16}$$

该指令除了可在稳定轴 x 轴上实现期望的滚转角速率，还可在稳定轴 z 轴上让航向速率为零（$R_{com} = 0$）。此外，为了进行协调转弯，侧向加速度（a_y）需要为零。基于这些要求，驱动方向舵控制器（控制器2）的误差信号（e_R）为

$$e_R = R_{com} - (R - P\alpha) - K_a a_y \tag{6.17}$$

设计控制器时，使用滚转角速率、航向速率、侧向加速度和迎角四个输出。利用三个反馈来满足式（6.17）和式（6.13），且具有可接受的滚转角速率性能（P_{com}）。滚转角速率被反馈到副翼通道以控制滚转角速率响应。使用两个反馈来控制航向速率响应。侧向加速度（a_y）被反馈到航向速率以抵消侧滑。此外，航向速率中的内环反馈环提供了荷兰滚阻尼。

控制系统应该被设计成限制指令的滚转角速率（P_{com}），以避免上仰，并限制侧滑。期望的是快速的滚转角速率响应，同时螺旋模式稳定（具有可接受的时间常数），且荷兰滚具有高固有频率的高阻尼。最佳控制器将消除一些极点和零点，使两个方向舵和副翼通道解耦。

6.5 阵风载荷减缓系统

6.5.1 大气阵风

对具有柔性结构的飞行器来说，大气扰动是必须考虑的因素。对飞行器来说，其中最典型的大气扰动[24]是阵风。飞行器可能遇到离散的和连续的大气扰动/阵风。尽管天气条件恶劣且多变，但飞行器必须保持指定的航向和高度，以确保安全到达目的地。阵风将影响飞行器的空气动力学性能和气动弹性。

如果不减缓垂直阵风，就会给机身结构增加应力，影响乘员的舒适性。控制系统被设计用于通过对称操纵副翼和类似的控制面来减缓机翼上的阵风载荷。其主要目标是通过减小机翼弯矩来减缓机翼上的疲劳和静载荷。阵风载荷减缓系统（Gust Load Alleviation System，GLAS）已在轰炸机 B-2 Spirit 和运输机 Airbus 380 等众多飞行器上得到应用。参考文献[32]中研究了大型运输机 GLAS 中不同控制面的有效性。

气动弹性是一个多学科领域，涉及飞行器的结构、空气动力学和控制系统的相互作用。这种相互作用影响飞行器的各种特性，包括飞行器性能、静态和动态稳定性、操纵性、结构完整性、操纵品质和适航性。

从飞机整体分析时，飞机的颤振、所有动/静载荷以及相应的应力和应变都需要考虑在内。在 GLAS 的设计过程中，所需工具之一是气动弹性数学模型（如 MSC/NASTRAN 中的梁模型）。例如，在气动弹性响应分析使用的方法中，假设对外部激励（如阵风）产生的结构位移可用相对较小的一组位移模式的线性组合来表示。相对于不需要近似的方法，任何近似方法都会降低后续分析的准确性。要详细了解用于设计运输机的气动弹性阵风响应分析的信息，可参考文献[25]。

6.5.2 垂直阵风

垂直阵风影响飞行器的法向加速度。典型的离散阵风通常具有不到 1s 的周期。阵风载荷减缓（Gust Load Alleviation，GLA）系统的目的是通过偏转控制面（如减少机翼弯矩）来减缓阵风载荷对飞机结构的影响。GLA 是一种飞机遇到阵风时，通过控制刚体运动和机翼弯矩的变化来控制飞机性能的技术。减缓阵风载荷可以降低瞬时峰值载荷来提高机组人员或乘员的乘坐舒适性，这反过来也会减缓结构疲劳。

图 6.6 所示为一架无人机遭遇垂直正弦阵风（在 z 方向上）的情况。沿飞机 x 轴的垂直阵风速度变化与俯仰飞机上产生的速度分布类似。离散（或单个）阵风（W_g 或 W_W）可以建模为[31]一个"1 减余弦"曲线剖面：

$$W_g = \frac{1}{2}U_{de}\left(1-\cos\left(\frac{2\pi x}{2H}\right)\right) \qquad (6.18)$$

式中，H 是刻度，代表梯度距离（是机翼弦长的 12.5 倍）；U_{de} 是衍生的等效阵风速度，其单位为 ft/s；参数 x 是飞机向前的位移，可用 Vt 来替代。因此，可以得到阵风模型：

$$W_g = \frac{1}{2}U_{de}\left(1 - \cos\left(\frac{2\pi V}{2H}t\right)\right) \quad (6.19)$$

根据 FAR 23[29] 和 FAR 25[30]，等效阵风速度（U_{de}）是根据飞机速度和高度来确定的。

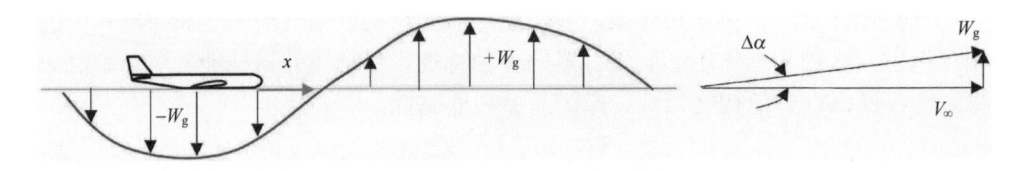

图 6.6 一架无人机遭遇垂直正弦阵风（在 z 方向上）的情况

离散阵风常被视为上升阵风或侧风阵风。换句话说，阵风的方向与飞行方向垂直。这种阵风会突然改变飞机的空速（在 y 或 z 方向上）。参考文献[30]中讨论了不同高度的阵风速度。当分析中包括增稳系统时，应该考虑任何显著的系统非线性对极限载荷从极限阵风条件推导出的影响。如果相对于机翼展长阵风场波长较大，阵风就会在飞行器上产生展向速度的变化。

6.5.3 阵风载荷数学模型

大气阵风可能以瞬时空速 U_w，V_w 和 W_w 的形式存在于三个轴向（x, y, z）上。沿 y 轴的阵风，即侧向阵风（V_w），可能影响到机头或垂直尾翼。在这两种情况下，通常通过偏航阻尼器来处理它们，方法是阻尼任何诱导的侧滑角和航向速率。沿 x 轴的阵风（U_w）将诱导产生迎角，并产生俯仰力矩。该阵风输出通过俯仰阻尼器来处理，方法是阻尼俯仰角和俯仰角速率的任何变化。

与阵风相关的力通过力矩方程[28]输入飞机的动力模型：

$$F_{w_x} = m(\dot{U}_w + QW_w - RV_w) \quad (6.20)$$

$$F_{w_y} = m(\dot{V}_w + RU_w - PW_w) \quad (6.21)$$

$$F_{w_z} = m(\dot{W}_w + PV_w - QU_w) \quad (6.22)$$

式中，下标 w 表示风（阵风）。这些力被认为是施加到飞机上的额外作用力，与重力（F_G）、气动力（F_A）和推力（F_T）一起作用：

$$m(\dot{U} + QW - RV) = F_{G_x} + F_{w_x} + F_{A_x} + F_{T_x} \tag{6.23}$$

$$m(\dot{V} + UR - PW) = F_{G_y} + F_{w_y} + F_{A_y} + F_{T_y} \tag{6.24}$$

$$m(\dot{W} + PV - QU) = F_{G_z} + F_{w_z} + F_{A_z} + F_{T_z} \tag{6.25}$$

6.5.4 翼根弯矩

通常情况下，垂直阵风（W_w）可能影响两个位置，因此可能引发两个干扰：①若它影响机头或水平尾翼，则引发偏航力矩；②若它影响翼尖，则引发局部迎角 $\Delta \alpha$（见图 6.6）和滚转力矩。首先，通过偏航阻尼器来抵消诱导的偏航力矩，通过滚转阻尼器来抵消诱导的滚转力矩。然而，影响翼尖的阵风将增加翼根弯矩。阵风减缓系统的主要目标是处理这种机翼弯矩。诱导迎角（见图 6.6）是阵风速度和飞机空速（V_∞）的函数：

$$\Delta \alpha = \tan\left(\frac{W_g}{V_\infty}\right) \tag{6.26}$$

由于阵风速度远小于空速，诱导迎角较小，式（6.20）可以线性化为

$$\Delta \alpha = \frac{W_g}{V_\infty} \tag{6.27}$$

式中，$\Delta \alpha$ 的单位为弧度。垂直阵风（W_w）的另一个输出是俯冲运动，因为在 z 轴上存在速度分量的变化率（$\dot{W}_g$ 或简称 $\dot{w}$）。因此，将有一个迎角变化率（$\dot{\alpha}$）：

$$\dot{\alpha} = \frac{\mathrm{d}\alpha}{\mathrm{d}t} = \frac{\dot{w}}{U_1} \tag{6.28}$$

诱导迎角和迎角变化率都会使得翼尖的局部升力（ΔL）发生变化：

$$\Delta L = qS\Delta C_L \tag{6.29}$$

局部升力系数的变化为

$$\Delta C_L = C_{L_\alpha} \Delta \alpha + C_{L_{\dot{\alpha}}} \dot{\alpha} \tag{6.30}$$

此外，由垂直阵风引发的垂直速度变化（$\dot{W}$）会转化为垂直加速度（a_z）的局部变化。这个加速度可通过安装在翼尖上的加速度计来测量（见图 6.7）。

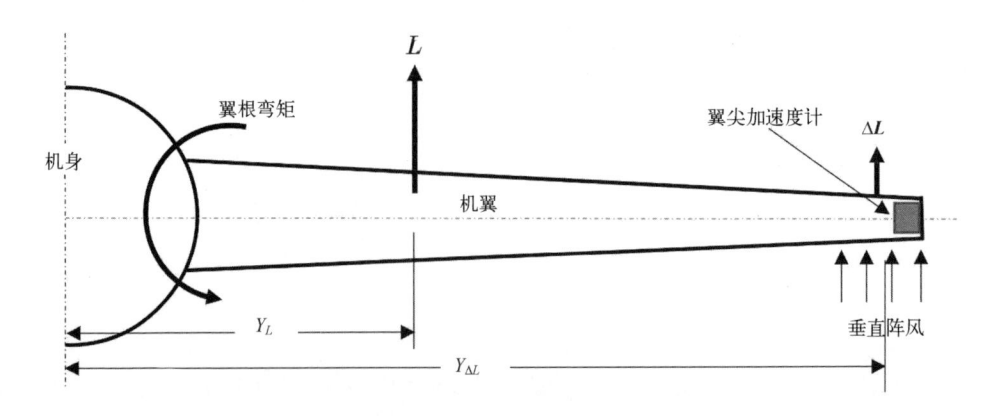

图 6.7 垂直阵风引发的翼尖加速度

翼尖弯矩（M_x）是机翼法向升力（L）和局部翼尖的诱导升力（ΔL）的函数：

$$M_x = \frac{L}{2} y_L + \Delta L y_{\Delta L} \tag{6.31}$$

式中，y_L 是机翼左侧或右侧部分升力到翼根的距离，$y_{\Delta L}$ 是局部诱导升力（由垂直阵风引起）到翼根的距离。式（6.31）中出现 1/2 是因为每个机翼部分（左侧或右侧）生成了总升力的 50%。通过控制翼尖的法向加速度，可以减小翼根弯矩。外副翼位于机翼展长的 80%～100%处，因此会产生较大的机翼弯矩。

法向升力（L）是机翼的静载荷，而局部诱导升力（ΔL）被视为动态载荷。因为大于 1 的安全系数可以保证机翼的结构性能，所以由静载荷引起的机翼梁结构破坏是不会发生的。然而，受动态载荷（疲劳）的影响，未来也可能发生结构失效的问题。

6.5.5 气动弹性模型

在气动弹性分析中，通常基于由传统刚体方程和一系列表示结构模式的二阶微分方程组成的柔性飞机模型进行分析。在气动弹性建模中，传统上使用梁单元（如欧拉-伯努利梁单元）来表示机翼结构[35]。为了建立一个纯机翼气动弹性模型，可以使用由许多小面板组成的线性有限元表示（见图 6.8）。机翼结构通过梁框架进行模拟，其刚度和质量分布包括静态气动弹性和颤振的限制。状态变量（未知数）的数量等于面板的数量，因为每个面板都有一个独特的位移（ξ）。

翼根

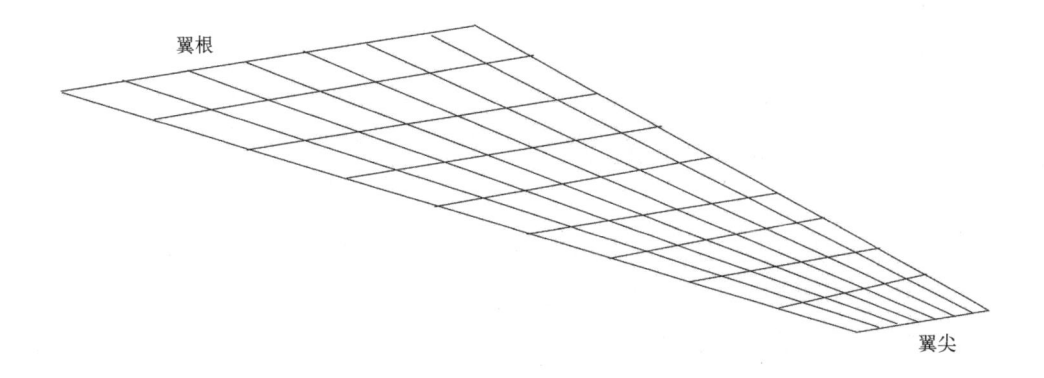

翼尖

图 6.8 纯机翼结构梁型模型示意图

受到控制面运动和大气风的激励，开环气动弹性方程的拉普拉斯变换[32]在广义坐标下表示为

$$(M_{hh}s^2 + B_{hh}s + K_{hh} + qQ_{hh}(s))\xi(s) \\ = -(M_{hc}s^2 + qQ_{hc}(s))\delta_A(s) - \frac{q}{V}Q_{hG}(s)W_g(s) \tag{6.32}$$

式中，V 是空气速度，q 是动压。Q_{hh}, Q_{hc}, Q_{hG} 是升力系数矩阵，应该根据不同的折合频率值进行计算。右侧的矩阵表示由控制面指令偏转（δ_A）和风速向量（W_g）引起的外部气动力。左侧的系数矩阵是与结构位移或弹性变形（ξ）相关的质量、刚度和升力系数矩阵。因此，弹性位移到垂直风速和副翼偏转角的两个传递函数为

$$\frac{\xi(s)}{W_g(s)} = \frac{-\frac{q}{V}Q_{hG}(s)}{M_{hh}s^2 + B_{hh}s + K_{hh} + qQ_{hh}(s)} \tag{6.33}$$

$$\frac{\xi(s)}{\delta_A(s)} = \frac{-(M_{hc}s^2 + qQ_{hc}(s))}{M_{hh}s^2 + B_{hh}s + K_{hh} + qQ_{hh}(s)} \tag{6.34}$$

将式（6.32）中的 s 替换为 $i\omega$，可以进行正弦风速激励的模式响应分析，其中 ω 是激励频率。将式（6.33）重新表述为状态空间模型时，分析、仿真和设计过程可以在时域中实现。

垂直离散风速的定义为[29]

$$W_g(t) = \frac{1}{2}W_{g_{max}}\left(1 - \cos\left(\frac{2\pi t}{L_g}\right)\right) \tag{6.35}$$

式中，$W_{g_{max}}$ 是最大风速（如 1m/s），L_g 是阵风长度，它以飞机上一点穿过阵风场的时间来标度。阵风长度 L_g 是以飞机在风场中行进所需的时间为标度来无量纲化的。应确定产生最大翼根弯矩的负余弦垂直阵风速度剖面的长度。

6.5.6 升力分布

在极端风速情况下，动态载荷往往是风响应分析的主要目的。可以使用三维非定常气动面板代码来获得气动力/载荷。

可以使用源面元和双体面元对升力面做离散化处理，而尾流元素则由双体面元表示。另一种线性技术是升力线理论[33]，其将机翼分为 n 段。该理论最初用于通过将机翼分为 n 段，以确定机翼上的升力分布（见图 6.9）。然而，它可修改以包括翼尖风对机翼上升力分布的影响。

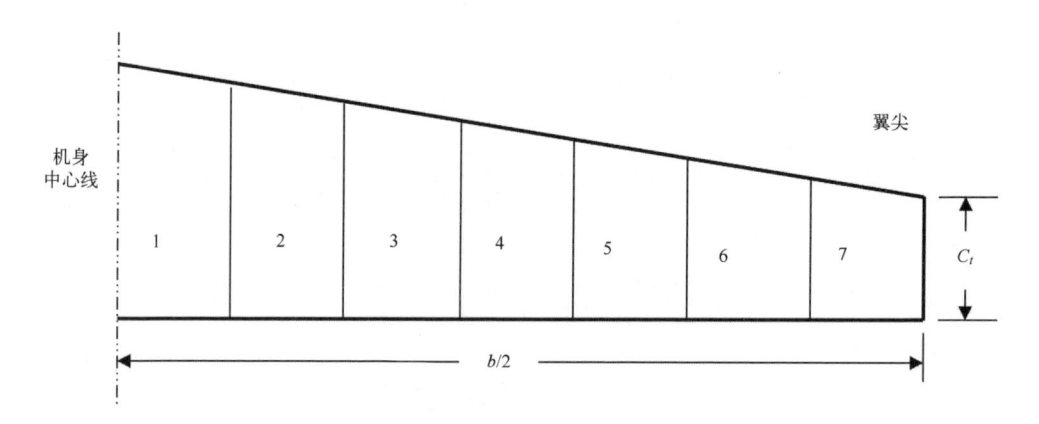

图 6.9 将机翼分成若干段以用于气动模型

升力线理论的主要控制方程是

$$\mu(\alpha_0 - \alpha) = \sum_{n=1}^{N} A_n \sin(n\theta)\left(1 + \frac{\mu n}{\sin\theta}\right) \qquad (6.36)$$

式中，α 是机翼段的迎角，α_0 是机翼段的零升力迎角，主要未知数为 A_1 到 A_n。θ 对每个机翼段是唯一的，且可从升力分布到 y 轴的连线中找到（见图 6.10）。参数 μ 定义为

$$\mu = \frac{\overline{C}_i \cdot C_{l_a}}{4b} \qquad (6.37)$$

式中，$\bar{C}_i$ 表示机翼段的平均几何弦长，C_{l_a} 是机翼段的升力曲线斜率（单位为 1/rad），b 是机翼展弦比。使用以下方程确定每个机翼段的升力系数：

$$C_{L_i} = \frac{4b}{\bar{C}_i} \sum A_n \sin(n\theta) \tag{6.38}$$

上式考虑了阵风的影响，并将其作为诱导迎角包含在式（6.34）中。

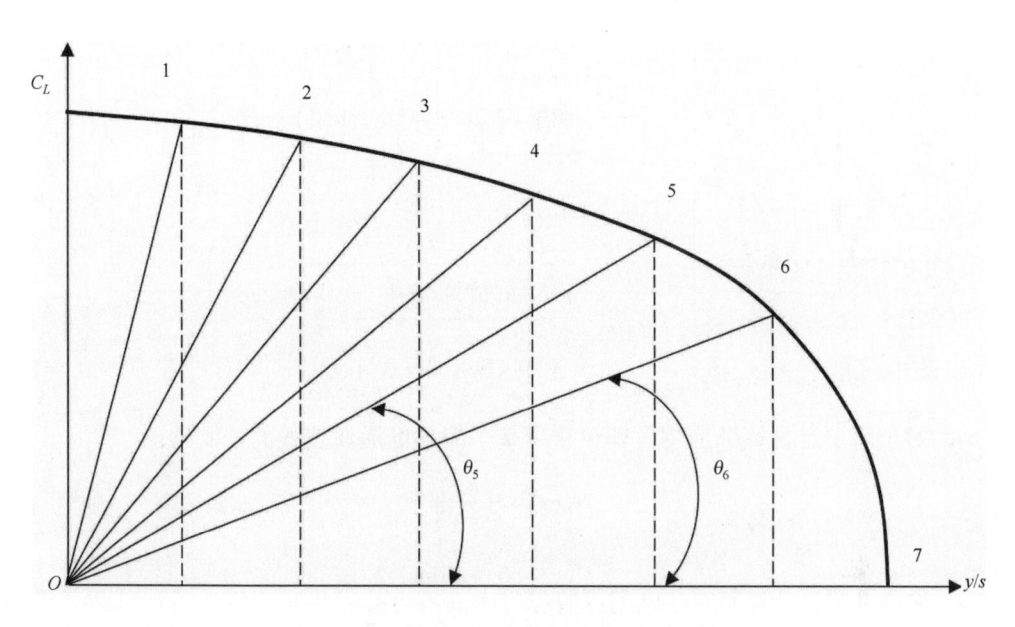

图 6.10 升力线理论中与每个机翼段对应的角度

6.5.7 框图

图 6.11 所示为一个基本阵风载荷减缓系统的框图，其中控制器通过液压作动器将其指令发送到副翼。该系统的测量装置是安装在翼尖的加速度计，用于测量垂直加速度。加速度信号应足够快，以显著减小载荷峰值。该系统有三个输入和三个输出。三个输入是副翼偏转、风速 W_g 和风速线性加速度 $\dot{W}_g$，三个输出是位移（ξ）、翼根垂直加速度（$a_{z\text{-tip}}$）和翼根弯矩（M_x）。

机翼气动弹性模型是一种结构梁型模型，可通过软件包（如 Autodesk NASTRAN[34]）生成。随着结构状态数量的增加（如 50 个或 1000 个），模拟输出往往更准确和可靠。

可以选择基于低通滤波器的控制器，以实现简单且鲁棒的应用。有效的控制器必须在翼根弯矩达到峰值之前就做出足够的反应。任何横滚角（ϕ）的扰动都应被阻尼，以使横滚角归零。控制器的单个输入来自翼尖的加速度计反馈。此外，设计人员应确保闭合阵风载荷减缓回路后，不会出现副翼引起的气动弹性不稳定。评估控制系统的性能时，应考虑机翼截面的载荷，例如剪力、弯矩和扭矩。

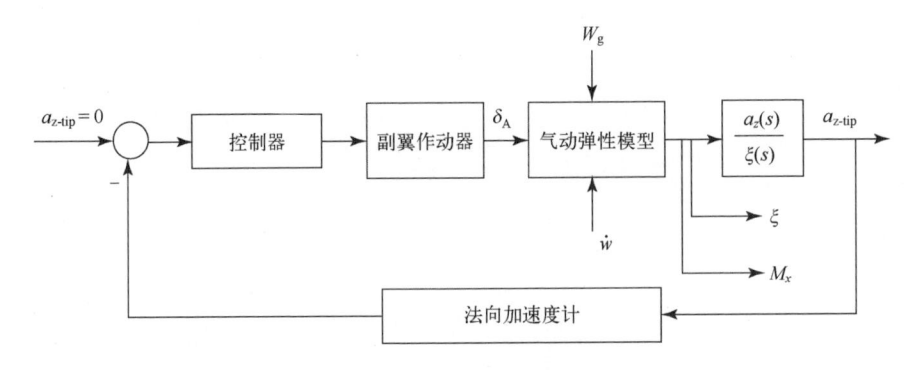

图 6.11　一个基本阵风载荷减缓系统的框图

对于简单且鲁棒的应用，建议采用基于简单低通滤波器的控制器：

$$K(s) = \frac{k_c}{\tau_c s + 1} \tag{6.39}$$

参考文献[32]发现，在风洞模型应用中满足可接受稳定裕度的最佳减载效果是 $k_c = 0.09\text{s}^2/\text{m}$ 和 $\tau_c = 0.56\text{s}$。控制面应以某种方式进行控制（偏转），以显著减轻正常飞行速度下极端翼尖加速度产生的极端翼根部分的弯矩。可以通过副翼的偏转来减轻翼根部分的弯矩。为了减缓阵风，某些空客 A320 使用扰流板，而空客 A380 则使用副翼。

图 6.12 显示了在离散阵风激励下，GLAS-关闭和 GLAS-开启（开环和闭环）翼根弯矩的典型时间历程。可以看到，通过减震系统，机翼弯矩可以显著降低。此外，GLAS 还会影响机翼的固有振动频率，进而对机翼的颤振特性产生重大影响。

图 6.13 所示为一架配备了 GLAS 的 Embraer ERJ-190 Lineage 超大型商务喷气机，其机翼面积为 92.5m^2，最大起飞质量为 54500kg，并且配备了两台涡轮风扇发动机。该飞机的巡航速度为 472kn，最大航程为 8500km，服务升限为 41000ft。图 6.14 所示为 Embraer ERJ-190 Lineage 超大型商务喷气机的驾驶舱。

飞行甲板配有五台显示器供机组人员使用。飞行员和副驾驶员都可访问自动驾驶仪界面，以选择和启动各种自动飞行控制系统模式。

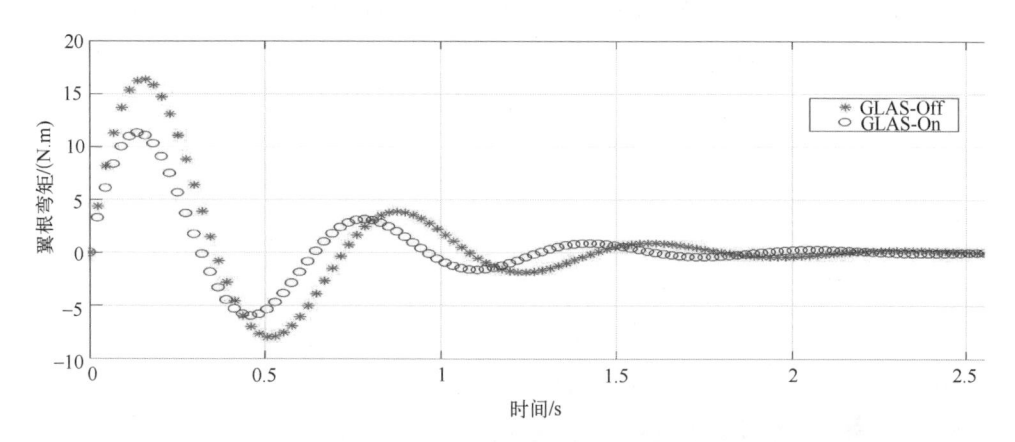

图 6.12　GLAS-关闭和 GLAS-开启（开环和闭环）翼根弯矩的典型时间历程

图 6.13　一架配备了 GLAS 的 Embraer ERJ-190 Lineage 超大型商务喷气机

图 6.14　Embraer ERJ-190 Lineage 超大型商务喷气机的驾驶舱

6.6 习题

1. 至少列举三种 CAS。
2. 空中客车 A380 用于缓解阵风载荷的控制面有哪些？
3. 简要描述法向加速度 CAS 的功能。
4. 简要描述俯仰角速率 CAS 的功能。
5. 简要描述横向-航向 CAS 的功能。
6. 简要描述阵风载荷减缓系统的功能。
7. 简要描述放宽静态稳定系统的功能。
8. 定义载荷系数。
9. 参考文献[3]中使用哪个标题来指代 CAS？
10. 法向加速度计在飞机上的最佳安装位置是哪里？
11. 列举垂直速度 CAS 基本框图的主要元素。
12. 列举俯仰速率 CAS 基本框图的主要元素。
13. 列举横向和航向 CAS 基本框图的主要元素。
14. 列举阵风载荷减缓系统基本框图的主要元素。
15. 列举几种需要良好俯仰角速率响应的飞行操作和动作。
16. 什么是 C^* 参数？
17. 哪些参数影响惯性耦合引起的俯仰力矩？
18. 副翼-方向舵互联的主要目标是什么？
19. 什么是横向加速度和法向加速度，它们是如何测量的？
20. 简要描述飞机气动弹性是如何建模的。
21. 介绍离散风速理想化。
22. 如何确定由翼尖垂直阵风产生的翼根弯矩？
23. 如何确定由翼尖垂直产生的诱导迎角？
24. 写出从弹性位移到垂直风速的传递函数。
25. 简要讨论升力线理论。
26. 绘制一个基本阵风减缓系统的框图。

参 考 文 献

[1] Stevens, B. L., Lewis, F. L., and Johnson, E. N., *Aircraft Control and Simulation*, 3rd ed., John Wiley, 2016. DOI: 10.1108/aeat.2004.12776eae.001. 10, 14, 16, 50, 57, 66, 112, 133, 138

[2] Roskam, J., Airplane flight dynamics and automatic flight controls, *DARCO*, 2007. 9, 50, 51, 53, 56, 60, 66, 73, 114, 121, 122, 131

[3] McLean, D., *Automatic Flight Control Systems*, Prentice Hall, 1990. DOI: 10.1177/002029400303600602. 60, 64, 133, 137, 138, 152

[4] Blakelock, J. H., *Automatic Control of Aircraft and Missiles*, 2nd ed., John Wiley, 1991. 120

[5] Nelson, R., *Flight Stability and Automatic Control*, McGraw Hill, 1989. 11, 53, 63, 64, 118

[6] Etkin, B. and Reid, L. D., *Dynamics of Flight, Stability and Control*, 3rd ed., Wiley, 1996. DOI: 10.1063/1.3060977. 53

[7] Siouris, G. M., *Missile Guidance and Control Systems*, Springer, 2004. DOI: 10.1115/1.1849174.

[8] Hoak, D. E., Ellison, D. E., et al., USAF stability and control DATCOM, *Flight Control Division*, Air Force Flight Dynamics Laboratory, Wright-Patterson AFB, OH, 1978.

[9] MIL-STD-1797, Flying qualities of piloted aircraft, Department of Defense, Washington DC, 1997. 36, 60

[10] MIL-F-8785C, Military specification: Flying qualities of piloted airplanes, Department of Defense, Washington DC, 1980. 36, 121

[11] Sadraey, M., *Aircraft Performance Analysis: An Engineering Approach*, CRC Press, 2017. 98, 113

[12] Control System Toolbox: Design and analyze control systems, 119

[13] Duncan, J. S., *Pilot's Handbook of Aeronautical Knowledge*, U.S. Department of Transportation, Federal Aviation Administration, Flight Standards Service, 2016. 75, 76, 77

[14] Parkinson, B. W., O'Connor, M. L., and Fitzgibbon, K. T., *Global Positioning System: Theory and Applications, Chapter 14: Aircraft Automatic Approach and Landing Using GPS*, American Institute of Aeronautics and Astronautics, 1996. DOI: 10.2514/4.472497. 89

[15] Goold, I., Boeing forges ahead with flight-test campaigns, *AIN (Aviation International News)*, online, November 8, 2017. 92

[16] Jayakrishnan, S. and Harikumar, R., Trajectory generation on approach and landing for a RLV using NOC approach, *International Journal of Electrical, Electronics and Data Communication*, 1(6), August 2013. 88

[17] *Advanced Avionics Handbook*, Federal Aviation Administration, FAA-H-8083-6, U.S.

Department of Transportation, Washington DC, 2009.

[18] Dods, J. B., Jr. and Tinling, B. E., Summary of results of a wind-tunnel investigation of nine related horizontal tails, *Technical Note 3497, NACA*, 1955. 131

[19] Brown, J. A., Stall avoidance system for aircraft, Patent Number: 4,590,475, United States Patent, May 20, 1986. 126

[20] Malaek, S. M. and Kosari, A. R., Novel minimum time trajectory planning in terrain following flights, *IEEE Transactions on Aerospace and Electronic Systems*, 43(1), January 2007. DOI: 10.1109/taes.2007.357150. 101

[21] Sadraey, M., *Unmanned Aerial Systems Design*, Wiley, 2019. 103, 105

[22] Capello, E., Guglieri, G., and Quagliotti, F., A waypoint-based guidance algorithm for mini UAVs, *2nd IFAC Workshop on Research, Education and Development of Unmanned Aerial Systems*, Compiegne, France, November 20-22, 2013. DOI: 10.3182/20131120-3-fr-4045.00005. 104

[23] Bischoff, D. E., Development of longitudinal equivalent system models for selected U.S. navy tactical aircraft, *Report No. NADC-81069-60, Aircraft and Crew Systems Technology Directorate*, Naval Air Development Center, PA, 1981. DOI: 10.21236/ada109488. 116

[24] Hoblit, F. M., Gust loads on aircraft: Concepts and applications, *AIAA*, Washington, DC, 1988. DOI: 10.2514/4.861888. 142

[25] Karpel, M., Moulin, B., Anguita, L., Maderuelo, C., and Climent, H., Aeroservoelastic gust response analysis for the design of transport aircrafts, *AIAA Paper 2004-1592*, April 2004. DOI: 10.2514/6.2004-1592. 143

[26] Devlin, B. T. and Girts, R. D., MD-11 automatic flight system, *Proc. of IEEE/AIAA 11th Digital Avionics Systems Conference*, pages 174-177, 1992. DOI: 10.1109/dasc.1992.282164. 12

[27] Regional Business News, Garmin flies G5000 in a Beechjet 400A Airline Industry Information, September 24, 2014. 117

[28] Napolitano, M., *Aircraft Dynamics: From Modeling to Simulation*, Wiley, 2011. 144

[29] Federal Aviation Regulations, Part 23, Airworthiness Standards: Normal, Utility, Aerobatic, and Commuter Category Airplanes, Federal Aviation Administration, Department of Transportation, Washington DC. 42, 144, 147

[30] Federal Aviation Regulations, Part 25, Airworthiness Standards: Transport Category Airplanes, Federal Aviation Administration, Department of Transportation, Washington DC. 144

[31] Karpel, M., Moulin, B., and Chen, P. C., Dynamic response of aeroservoelastic systems to gust excitation, *Journal of Aircraft*, 42(5):1264-1272, 2005. DOI: 10.2514/1.6678. 143

[32] Moulin, B. and Karpel, M., Gust loads alleviation using special control surfaces, *Journal of Aircraft*, B.44(1), January-February 2007. DOI: 10.2514/1.19876. 142, 146, 150

[33] Houghton, E. L. and Carpenter, P. W., *Aerodynamics for Engineering Students*, Butterworth-

Heinemann, 7th ed., 2016. 148

[34] Autodesk Nastran In-CAD 2019, *ASCENT*, Center for Technical Knowledge, 2018. 150

[35] Haghighat, S., Liu, H., and Martins, J., Model-predictive gust load alleviation controller for a highly flexible aircraft, *Journal of Guidance, Control and Dynamics*, 35(6):1751-1766, 2012. DOI: 10.2514/1.57013. 146

[36] Prats, X., et al., Requirements, issues, and challenges for sense and avoid in unmanned aircraft systems, *Journal of Aircraft*, 49(3), May 2012. DOI: 10.2514/1.c031606. 104

[37] Angelov, P., *Sense and Avoid in UAS: Research and Applications*, Wiley, 2012. DOI: 10.1002/9781119964049. 104

[38] Dorf, R. C. and Bishop, R. H., *Modern Control Systems*, 13th ed., Pearson, 2017. DOI: 10.1109/tsmc.1981.4308749. 7, 25, 37, 41, 61

[39] Ogata, K., *Modern Control Engineering*, 5th ed., Prentice Hall, 2010. DOI: 10.1115/1.3426465. 7, 25, 37, 39

[40] Anderson, B. D. O. and Moore, J. B., *Optimal Control: Linear Quadratic Methods*, Dover, 2007. 37

[41] Kendoul, F., Survey of advances in guidance, navigation, and control of unmanned rotorcraft systems, *Journal of Field Robotics*, 29(2):315-378, 2012. DOI: 10.1002/rob.20414. 4

[42] Menon, P. K. A., Nonlinear command augmentation system for a high performance aircraft, *AIAA-93-3777-CP, American Institute of Aeronautics and Astronautics, Guidance, Navigation and Control Conference*, Monterey, CA, August 9-11, 1993. DOI: 10.2514/6.1993-3777. 134